乡村人居环境营建丛书

浙江大学乡村人居环境研究中心

王 竹 主编

主体认知视角下乡村聚落营建的策略与方法

Strategies and Methods of Rural Settlements Construction from the Perspective of Subjective Cognition

王 韬 著

U0242359

基金项目：国家自然科学基金资助项目"北京地区乡村聚落有机更新的机制与方法研究"(51608024)

国家自然科学基金重点资助项目"长江三角洲地区低碳乡村人居环境营建体系研究"(51238011)

东南大学出版社

SOUTHEAST UNIVERSITY PRESS

·南京·

内 容 提 要

　　乡村人居环境一直是社会与学界的重要关注点,在乡村振兴战略背景下"营建"作为重要的研究内容,其价值意义愈发凸显。乡村聚落的营建不仅在于物质环境的更新迭代,非物质要素同样不可忽视,特别是融入其中的行为主体,他们直接影响着营建的开展与实施,重要性不言而喻。本书通过多维视角对主体认知的作用机制进行综合考量,将人本关怀提升至研究的重要层面,试图以一种包容的方式凝练其中的普遍意义、特征与规律。同时,以此为基础展开有关主体与客体、认知与存在、真实与想象的相关探讨,在中观与微观层面"以小见大"地构建乡村聚落的营建策略与方法,为从事乡村聚落研究的相关学者、投身乡村建设实践的相关从业者以及广大关注乡村人居环境的有识之士提供有益参考,以期对我国乡村人居环境品质的提升产生积极影响。

图书在版编目(CIP)数据

主体认知视角下乡村聚落营建的策略与方法/王韬
著 . —南京:东南大学出版社,2019.7
　(乡村人居环境营建丛书/王竹主编)
　ISBN 978-7-5641-8485-8

　Ⅰ.①主… Ⅱ.①王… Ⅲ.①农业建筑-建筑设计
Ⅳ.①TU26

　中国版本图书馆 CIP 数据核字(2019)第 142342 号

主体认知视角下乡村聚落营建的策略与方法

作　　者:王　韬
责任编辑:宋华莉
编辑邮箱:52145104@qq.com

出版发行:东南大学出版社
出 版 人:江建中
社　　址:南京市四牌楼 2 号(210096)
网　　址:http://www.seupress.com
印　　刷:南京玉河印刷厂
开　　本:787 mm×1 092 mm　1/16　印张:11.75　字数:272千字
版 印 次:2019 年 7 月第 1 版　　2019 年 7 月第 1 次印刷
书　　号:ISBN 978-7-5641-8485-8
定　　价:48.00 元

经　　销:全国各地新华书店
发行热线:025-83790519　83791830

本社图书若有印装质量问题,请直接与营销部联系。电话(传真):025-83791830

序

本书源自王韬 2014 年完成的博士学位论文《村民主体认知视角下乡村聚落营建的策略与方法研究》。2009 年，王韬作为我的博士研究生进入浙江大学继续学习，在攻读博士学位期间参与了关于浙北与湖南韶山等多地的乡村聚落相关研究和实践活动，对乡村聚落的营建策略与方法产生了浓厚的兴趣并进行了广泛的考察与研究。时逢我承担的国家自然科学基金重点资助项目"长江三角洲地区低碳乡村人居环境营建体系研究"正在进行，于是王韬便自然地参与到相关内容的研究之中。

乡建已成为当下的热门话题之一，但要真正走上健康发展的道路，过程不仅复杂，而且艰难。这个艰难不仅是经济与技术的因素造成的，也是认知上的混乱与理解上的误区所导致的。对于乡村聚落的营建而言首先要有一个基本的认知，特别是在混沌状态当中，需要建立清晰的思考方式。乡村作为一个复杂系统，涉及地理区位、自然生态、经济生产、社会生活、时间阶段、类型差异等方面。乡建不仅仅是空间形态与建筑风貌那些事儿，应认清村民作为乡村主体的地位，规划师、建筑师在进行规划设计时应该有所为，有所不为。乡建应该是分类型、分层次的，有些是小众化的需求，有些则是整体系统的普适性需求。乡建的途径不是唯一的，而是多元化的，从不同角度和层面参与到乡建中都应该受到鼓励，乡村聚落营建的策略和方法也必然从一个多元化的角度展开。

目前，乡建正逐渐演变为完成任务与消费需求，在各种乡建名义下，大小资本、各路精英、建筑师们纷沓而至。一些传统形态的恢复、地方风貌的打造、乡土民俗的再现、传统技艺的延续等，尽管都在客观上表达了乡建的良好愿望，但是这些看似"接地气"的表达方式却演变成了一种宏大的运动或个人情怀的自我表现，使得我们忽视了对"乡建真实"的关注。因此，面对诸如以上背景和问题如何建立一套行之有效的乡村聚落营建策略与方法成为本书的关注点。

本书的研究内容针对目前我国乡村发生的一些负面变化所导致的在地域文化、生态环境以及乡村风貌等方面的问题，提出了一种基于主体认知视角的研究思路，将主体与客体、认知与存在、真实与想象纳入系统的范畴进行综合考量，提出了从强势作为到谦卑无为、从他者想象到身份认同、从乡土自发到文化自觉、从形态重写到场所誊写等面对乡村建设的一系列营建思路，并构建了适合乡村聚落具体的营建体系，这些策略与方法为引导当下乡村聚落的营建向更加科学的方向发展提供了有益参考。

王竹

2019 年 5 月 12 日
于杭州求是村

前　言

　　自改革开放以来，我国乡村建设已走过了四十余载，在取得巨大成就的同时也伴随着一些负面的变化。随着全球化、现代化、市场化和城市化的不断延伸，一些曾经质朴的田园风貌正面临着地域文化失语、生态环境退化、空间形态无根等问题的蔓延。对于乡村聚落的营建而言，如何在巩固成果的同时解决当下的问题，从而使乡村风貌得以全面改善和村民生活获得实质提升具有重要的意义。

　　本书以本人博士论文为基础并结合近些年在乡村人居环境更新领域的相关实践与思考继而成文。文中借鉴了国内外乡村建设的经验并分析了我国乡村发展的现状问题，以建筑、景观、规划学科为基础，以聚落空间营建为主旨内容，通过"乡村解读、理论把握、机制分析、策略提出、实证研究"五个方面形成逐层推进的研究路径。首先，对乡村营建的本质意义、演进特征与营建的参与者进行了解读，明确了乡村聚落始终在自组织与他组织两种方式的共同作用和相互博弈中演进，并且确立了基于村民主体的研究立场。其次，围绕村民主体认知的发展框架、演化动力、交互途径与物化基础四个方面，通过借鉴相关理论的核心概念，建立了主体认知视角下乡村聚落营建的研究框架，完成由问题到方法的转化。随后，通过对乡村聚落营建与村民主体认知关系的梳理，分别对自然环境、社会环境以及建成环境影响下村民的认知方式和演变特征进行了详尽的解析，进而归纳了乡村聚落的发生机制。在此基础上，针对乡村营建中生态自然、社会人文与聚落空间三个层面提出了具有针对性的营建策略与实施原则，并以浙江长兴塔上村为例加以论证，进一步阐释研究成果对实践的指导意义。

著者

2019 年 6 月

浙江大学乡村人居环境研究中心

农村人居环境的建设是我国新时期经济、社会和环境的发展程度与水平的重要标志,对其可持续发展适宜性途径的理论与方法研究已成为学科的前沿。按照中央统筹城乡发展的总体要求,围绕积极稳妥推进城镇化,提升农村发展质量和水平的战略任务,为贯彻落实《国家中长期科学和技术发展规划纲要(2006—2020 年)》的要求,为加强农村建设和城镇化发展的科技自主创新能力,为给建设乡村人居环境提供技术支持,2011 年,浙江大学建筑工程学院成立了乡村人居环境研究中心(以下简称"中心")。

"中心"主任由王竹教授担任,副主任及各专业方向负责人由李王鸣教授、葛坚教授、贺勇教授、毛义华教授等担任。"中心"长期立足于乡村人居环境建设的社会、经济与环境现状,整合了相关专业领域的优势创新力量,将自然地理、经济发展与人居系统纳入统一视野。截至目前,"中心"已完成 120 多个农村调研与规划设计项目;出版专著 15 部,发表论文 200余篇;培养博士 30 人,硕士 160 余人;为地方培训 3 000 余人次。

"中心"在重大科研项目和重大工程建设项目联合攻关中的合作与沟通,积极促进了多学科的交叉与协作,实现信息和知识共享,从而使每个成员的综合能力和视野得到全面拓展;建立了实用、高效的科技人才培养和科学评价机制,并与国家和地区的重大科研计划、人才培养实现对接,努力造就一批国内外一流水平的科学家和科技领军人才,注重培养一批奋发向上、勇于探索、勤于实践的青年科技英才。建立一支在乡村人居环境建设理论与方法领域方面具有国内外影响力的人才队伍,力争在地区乃至全国农村人居环境建设领域处于领先地位。

"中心"按照国家和地方城镇化与村镇建设的战略需求和发展目标,整体部署、统筹规划,重点攻克一批重大关键技术与共性技术,强化村镇建设与城镇化发展科技能力建设,开展重大科技工程和应用示范。

"中心"从 6 个方向开展系统的研究,通过产学研的互相结合,将最新研究成果运用于乡村人居环境建设实践中。(1)村庄建设规划途径与技术体系研究;(2)乡村社区建设及其保障体系;(3)乡村建筑风貌以及营造技术体系;(4)乡村适宜性绿色建筑技术体系;(5)乡村人居健康保障与环境治理;(6)农村特色产业与服务业研究。

"中心"承担有两个国家自然科学基金重点项目——"长江三角洲地区低碳乡村人居环境营建体系研究""中国城市化格局、过程及其机理研究";四个国家自然科学基金面上项目——"长江三角洲绿色住居机理与适宜性模式研究""基于村民主体视角的乡村建造模式研究""长江三角洲湿地类型基本人居生态单元适宜性模式及其评价体系研究""基于绿色基础设施评价的长三角地区中小城市增长边界研究";四个国家科技支撑计划课题——"长三角农村乡土特色保护与传承关键技术研究与示范""浙江省杭嘉湖地区乡村现代化进程中的空间模式及其风貌特征""建筑用能系统评价优化与自保温体系研究及示范""江南民居适宜节能技术集成设计方法及工程示范""村镇旅游资源开发与生态化关键技术研究与示范"等。

目　　录

1 绪 论

吴良镛先生提出：人居环境的核心是"人"，人居环境研究以满足"人类聚居"需要为目的[①]。对于我国乡村人居环境的营建而言更是如此，面向广大乡村人口探索一套适合乡村特点与村民主体的营建方法是建筑规划学科所面对的重要课题。

1.1 我国乡村发展背景

1.1.1 国内乡村发展状况

我国乡村地区在漫长的发展历程中呈现出分布区域广、数量大、人口多、文化底蕴深厚等特征，乡村建设一直是我国发展战略的重要组成部分。自 20 世纪以来，围绕"三农问题"展开的乡村建设经历了不同的发展阶段，各阶段都是所处时代的界定式应答。对于目前乡村建设而言，不仅应理性地把握其发展历程，而且也应基于时代背景思考乡村建设的发展方向。

1）发展历程

我国乡村发展经历了诸多起落，自 20 世纪 20 年代开始，在中国不少地区兴起了声势浩大的乡村建设运动。1949 年新中国成立后，随着我国国民经济的恢复与发展，并经过土地改革实行农民阶级的土地所有制，开始了新中国成立以来的第一次建房高潮。乡村建设也在这一背景下稳步发展。尽管在 1956 年一届人大三次会议中明确提出"建设社会主义新农村的奋斗目标"，但农业辅助工业、农村辅助城市的二元格局使得城乡差距不断扩大，严格的户籍制度加上城乡产品流通的限制，导致三农问题不断凸显，这成为这一阶段的显著特征。1978 年改革开放开始，从初期的家庭联产承包到之后的小康建设，充分调动了农民积极性，整体收入也随之提升，农民的精神生活也逐渐丰富。但 90 年代中后期，随着市场经济的持续升温城乡差距进一步扩大。2005 年十六届五中全会通过的《中共中央关于制定国民经济和社会发展第十一个五年规划的建议》提出了重要的二十字方针，即"生产发展、生活宽裕、乡风文明、村容整洁、管理民主"，标志着社会主义新农村建设进入新的阶段，体现了社会、经济、文化以及乡村风貌营建的有机统一。2017 年对于乡村发展是关键的一年，十九大报告提出"乡村振兴战略"新二十字方针，即"产业兴旺、生态宜居、乡风文明、治理有效、生活富裕"，反映了乡村振兴不仅是产业的振兴，也是生态的振兴、文化的振兴，同时也是农民主体素质的综合提升，相对于之前的二十字方针更关注品质的升级。

2）时代背景

当前，我国乡村建设正处于全球化、现代化、市场化和城市化不断延续的大背景之中。

---

① 吴良镛.人居环境科学导论[M].北京:中国建筑工业出版社,2001:38.

无论是开放的还是相对封闭的社会系统,这一影响都是普遍的、不可回避的。随之而来的便是乡村地区的生活方式、文化形态及建造技术等从传统向现代转型,生存环境也在逐渐发生变化。市场机制的加强一方面为乡村建设提供了更多的灵活性,客观上促进了乡村产业发展,另一方面由于城市的固有优势,不可避免地导致生产要素不断地由乡村流向城市。虽然劳动力、土地资源向城市流入的过程客观上促进了城市化,但城乡二元结构的存在仍没有得到改观。乡村的剩余劳动力在城市不能享受相应的待遇、生活质量不高、就业率低等都反映出目前城市化缺乏"质"的转变。可见,乡村建设并非单项的城市化过程可以代替,而是需要通过市场机制和国家引导强化城乡联系,实现产业结构的合理化和资源配置的趋优化。

此外,随传播媒介的不断更新而来的信息爆炸已从城市进而影响到乡村地区,我国乡村社会已由传统的封闭型社会向现代化开放型社会转变,居住者在生产方式、社会结构和价值观念等方面都不断地受到外界的冲击,直接带来的就是原有生存环境相应变化。多方信息的聚集使居住者处于一种混沌的状态之中,其中既包含了社会主流文化和先进价值理念的引导,也包含了村民在主观情感上对传统生活方式的依恋和对固有生产方式的依赖,这便使乡村生活进入一种彷徨期。因此,这不可避免地导致了城市社会与乡村社会的分化以及乡村社会内部价值取向的分歧。然而,并非消除这种价值取向的多样性,而是要在认可多样性的基础上加快社会核心价值体系的建设。

1.1.2　国外乡村发展的经验启示

1.1.2.1　欧盟乡村建设

1) 发展阶段

截止到 2018 年,欧盟有 28 个成员国,约 5 亿人口,地域面积 438 万 km²。50% 左右的人口居住在占地域面积 90% 的农村地区。这与我们具有类似的人均国土面积、文化历程,以及具有内部地区经济差异。欧盟新村建设经历了三个阶段:第一阶段(1962—1991 年):战后重建,以农业结构调整促农村发展。第二阶段(1992—1999 年):从以农业生产为中心向关注农村发展过渡。第三阶段(2000 年至今):农村与农业共同发展。

在长期的发展过程中最有代表性和总结意义的是"2007—2013 的农村发展政策"中所指定的四个基本原则:①提高农业和林业的竞争力;②管理土地以保护农村地区的自然环境;③推进农村经济的多样性和改善农村地区的生活条件;④以"领导+"(LEADER+)的方式自下而上地由地方社会团体联合机构主持制定社区发展规划,其任务在于组成地方社会团体联合会主持制定他们所在地区的农村发展总体规划,按欧盟政策导向设计农村发展项目,并负责实施和管理发展规划项目[1]。

2) 经验启示

首先,政府作为农村建设的启动者。传统社会向现代社会转变的过程中,农村的发展总是落后于城市的发展。政府引导可改变这种发展的不协调。其次,既坚持欧盟原

---

① 叶齐茂.欧盟十国乡村社区建设见闻录[J].国外城市规划,2006(4):109-113.

则，又给不同国家和区域留下了选择弹性。在确定了欧盟农村发展政策四个原则后，明确要求各国根据自己的国情将其转化为本国战略。再次，自下而上由地方社区驱动的规划和项目管理，提倡公众参与，让居民主动地参与到乡村建设中。最后，以基金为支持发展农村项目。

1.1.2.2　日韩乡村建设

日本、韩国在 20 世纪 60—90 年代进行的新村建设与我国新农村建设的背景有许多相近之处，并且同为亚洲国家具有相近的文化背景，对两国成功经验的挖掘、归纳与提炼，有助于探讨我国乡村建设的发展之路。

1）日本发展阶段

日本乡村建设经历了构想、完善以及提升三个阶段。第一阶段，为 20 世纪 50 年代，针对当时日本农民收入低、农村基础设施落后、农民流失严重等问题，提出"新农村"建设构想，并于 1956 年将其纳入国家计划。第二阶段为 20 世纪 60 年代，标志性事件是于 1967 年制定了《经济社会发展计划》，提出"把农村建设成为具有魅力的舒畅生活空间"的目标，改善农村生活环境。第三阶段为 20 世纪 70 年代至今，被称为"造村运动"，最具影响力的是"一村一品"运动，其特点是每个村庄结合自身优势，开发地方特色产品，形成产业基地[①]。

2）韩国发展阶段

韩国新村的建设大致可分为启动阶段、转型阶段以及发展阶段三个时期。启动阶段，这一阶段的目标是改善农民的居住条件，由中央内务部直接领导和组织实施，建立了全国性组织新村运动中央协议会，成为全国性的现代化建设活动。转型阶段，针对前一阶段出现的问题进行调整，新村运动从政府主导的下乡式运动转变为民间自发，更加注重活动内涵、发展规律和社会实效的群众活动。发展阶段，建立和完善了全国性新村运动的民间组织，政府仅制定引导性规划、提供支持手段，进一步改善农村的生活环境和文化环境[②]。

3）经验启示

（1）准确定位政府组织在新农村建设中的角色。以政治运动方式的农村建设可以缩短农村现代化所需时间，但有强烈阶段性。政府导向的农村建设模式从长远看会产生违背发展规律和农民意愿的结果。

（2）准确定位农民是新农村建设的主体，注重启发和唤醒农民的自主精神，建立有效的激励机制和理念，激发其主动性和创造性。

（3）促使物质建设和精神建设的共同发展。"造村"运动不仅是物质性的"造物"，更重要的是精神性的"造人"[③]。

（4）制定和完善新农村建设的法律法规。

---

①　王玉莲.日本乡村建设经验对中国新农村建设的启示[J].世界农业,2012(6):25.

②　郭静芳.我国新农村建设的可持续发展研究——基于韩国新村运动的对比分析[J].山西财经大学学报,2012(S1):41-42.

③　颜毓洁,任学文.日本造村运动对我国新农村建设的启示[J].现代农业,2013(6):68.

1.1.3 我国乡村建设现存问题

改革开放以来,我国乡村建设经历了不同阶段的发展,在此期间不论是产业经济还是乡村的基础设施建设都得到了极大的提升,村民生活水平也有了实质性改善。然而,伴随着巨大成果取得的同时,也发生着一些负面的变化。

1) 全球化背景下的地域文化失语

全球化步伐加速,国内一个个新城新区犹如雨后春笋般出现,同时也有一个个曾经特色鲜明的地区渐渐湮没于这种全球化的大潮中。地域性和全球化之间的矛盾逐渐被更多的决策者和建筑师们所关注,并且已展开了一系列有益的实践和探索。作为中国地域文化保留最好的部分——乡村聚落,也在缓慢地受到全球化浪潮的影响。尤其在长三角经济发达地区,这种影响更为显著。由此也产生了一种现象:越是在落后的地区越能看到曾经的文化脉络,而在经济发达地区这种脉络反而变得模糊或是趋于平庸。这种现象的背后正是全球化与乡土化在新时期乡村建设中权重问题的直接体现,因此如何处理好二者的关系成为解决问题的关键。乡土地域文化特色的保护应该合理利用全球化带来的机遇,既不盲从西化又不固守传统,而是将其消化融合成为自身发展的一个影响因素,并且最终形成"乡土建筑现代化,现代建筑地区化①"的互进趋势,创造性地成为符合本土特征的新地域文化,将这种矛盾转化成一种良性的有序循环。

2) 快速建造下的生态环境退化

乡村聚落空间形态从其形成到完善经历了复杂而漫长的过程,在此过程中聚落形态不断受到自然生态因素的作用,二者通过正负反馈机制的调节相互适应和发展。正是由于演变中渐进的适应才形成了生态景观完整、协调的地方风貌,而非一蹴而就的建设模式。随着城市化的蔓延,人类改造自然的能力不断升级,乡村建设随之加速,建设效率与环境问题愈加凸显。建造技术和材料的革新使人与自然的关系由依附适应转化为强调征服与改造,而传统和谐共生的生态原则逐渐被破坏。我国山水文化由来已久,很多乡村依山傍水而建,形态与山水相融。但由于城市化的加速、建设用地的紧缺,建造者在利益的驱动下开始填池挖山,对生态系统造成了严重的破坏,甚至这逐渐成为一种理所当然的行为,在建设与自然发生冲突的时候,首先想到的不是退让而是"消除"。这种"人定胜天"的观念造成了对自然的单向索取,成为一种不可循环再生的发展模式。乡村工业的发展加重了这一问题的严峻性,城市的污染治理却使乡村成了转移点,大气、水质、土壤的恶化不仅对人类生存环境产生破坏,更是对生存安全造成巨大威胁。

3) 生活变更下的土地资源空废

作为乡村生活的基本单元——家庭,其扩充直接带来了住宅数量的增长,但家庭的迁移或更新却没有带来住宅数量的下降。一些家庭新成员的住宅不断向外部扩张的同时,另一些人口则迁入市镇,或长期外出务工加之一些已故老人的原有住宅仍然占据乡村内部中心的位置并逐步被废弃,乡村土地的整体利用呈现出一种松散的格局,即所谓的空心村。这种

---

① 吴良镛.乡土建筑的现代化,现代建筑的地区化——在中国新建筑的探索道路上[J].华中建筑,1998(1):1-4.

空置废弃的现象还存在于除住宅外的其他建筑或设施。如乡村原有公共建筑、生产用房，以及传统农业生产需要的大量生产设施及其工具放置点，在新时期都不可避免地被废弃。另外，还有一些未来可能被划入城市发展区域的乡村，村民加建的目的不是使用而是为了在拆除时获得更多的补偿金，这也不同程度地造成了资源和资金的流失。针对类似问题，雷振东提出了"空废化"的概念①，相对于"空心村"而言，这一概念更加强调现象产生的动态过程，而非某一静止状态。其中不仅包含村民生活方式和观念的转变，而且也包含了传统居住形态对现代价值取向的无力应对。乡村生活的变更、城市化进程的加速一方面引起了对建设用地需求的增长，另一方面原有家庭格局的单向发展又使内部各种资源逐渐被废弃，其本质早已脱离自然生态制约的阶段。

4）观念驱动下的空间形态无根

不同区域的乡村聚落形成了其特有的空间形态和地域特征，居住者基于所处时代、社会和价值观的影响自主选址和建造以及改造自身的生活环境，这种历史积淀后所形成的聚落空间蕴含着丰富的地域人文特质和传统根基。然而，当前时代背景下村民与其他建设的参与者在观念上产生了巨大的变化，对乡村聚落空间的形态结构和地域特征都产生了前所未有的影响。空间形态的"趋同"与"异化"成为建设的两大误区。"趋同现象"一直是我国乡村现阶段建设的无奈，不同程度地造成了乡村聚落风貌特色的缺失。与此相反，还有一些乡村建设为了塑造所谓的特色又陷入另一种误区。大量不加分析的建筑形态被移植，并不同程度地引发了各地乡村不顾实际的攀比。盲目照抄照搬城市建设模式，或简单复制传统的形态，大搞形式主义、形象工程，营造技术普遍粗糙，这已经使乡村远离了清新的乡土气息、旷野的田园风貌，并导致乡村住居形态的衰落及良好社会生活网络的丧失。这种情况的出现也从侧面反映了相对完整城市规划理论、建设材料、工艺技术等支撑体系无法完全适应乡村建设，导致其整体形态呈现出一定程度的无序与混乱。

5）统筹控制下的主体意识缺位

村民作为乡村生活的主体，长久以来一直是乡村发展的核心动力。在乡村聚落系统中，错综复杂的网络在各种要素之间进行着信息的流通与转换，聚落空间不仅是一种物质的外现，而且也是村民意识的载体。在其发展历程中，村民不断地通过自身的主体意识去感知世界改造环境，这承载着他们对生活需求的理解，体现着居住者固有的价值观和行为方式。正是这种具体的主体意识的存在，才使得乡村生活不仅生动而且具有活力。然而，统筹建设下的乡村却逐渐偏离了传统乡村的发展模式，建设者强有力的控制方式使得村民的主体地位呈现出缺失的现象。同时，村民也开始习惯于这种被决策的状态，将自身定位于一种跟随者的角色，导致主体意识的缺位。虽然，宏观的统筹导控在乡村建设中的重要性是不可忽视的，尤其是面对某些发展无序的村落必须通过这种方式使其走入正轨。但就乡村持续的发展而言，村民主体意识的提升是至关重要的，主要体现在村民是否成为建设以及社会文化发展中的参与者和受益者②。

---

①　雷振东.整合与重构：关中乡村聚落转型研究[D].西安：西安建筑科技大学，2005：14-15.
②　李新.村民自治中农民主体意识的培养[D].哈尔滨：哈尔滨师范大学，2011：9-10.

1.2   研究现状

关于乡村方面的研究内容颇多,设计领域极为广泛,截止到 2013 年 10 月在中国知网数据平台以"乡村"为主题进行检索共 57 681 篇期刊论文,其中建筑科学与工程类 1 536 篇,占总数的 2.7%。当检索范围缩小为以"乡村聚落"为主题时,显示 570 条结果,其中建筑科学与工程类 252 篇,占总数的 44.2%。而将范围进一步缩小为"乡村聚落空间"时,显示 148 条结果,其中建筑科学与工程类 73 篇,占总数的 49.3%。从中可以看出以"乡村"为主题的研究内容最为繁杂,分布于各个领域,建筑学科的研究仅占其中很小的部分,不具备代表性。而以"乡村聚落"为主题的研究文章中建筑学科所占比例迅速提升,并且在范围之外其他学科的研究也基本是跨建筑学科的。检索具体至以"乡村聚落空间"为主题,虽检索结果文章总数有所减少,但建筑学科所占比例并未显著提升,与之前基本持平。故此推断"乡村聚落"的相关文章能够代表建筑学科在乡村研究方面的大方向。同时,综合以"乡村"为主题的 1 536 篇建筑学科相关论文,其内容大致涵盖了生态、景观、环境、社区、文化、历史、经济、心理等多方面内容。研究成果呈现出综合化、跨学科的趋势,许多学者也依据学科角度的不同将研究分类。李贺楠[1]、朱炜[2]总结了不同学科角度下的农村聚落区域分布和形态变迁研究,其包含地理学角度、社会学角度、经济学角度、生态学角度、建筑学角度以及人类聚居学角度;浦欣成[3]将研究视角分为建筑学相关学科和其他学科两大类,但也并非局限于本专业而均以跨学科的形式出现。李晓峰[4]在其著作《乡土建筑:跨学科研究理论与方法》中不仅归纳了四类重点的跨学科研究类型,即社会学、人文地理学、传播学和生态学,并且从不同的学科视角给出了针对性的研究方式。综合以上研究不难看出,不同学科的交叉基本围绕着乡村发展的影响要素展开,可将其分为客体要素与主体要素两部分:客体因素包含物质系统(自然环境与建成环境)与非物质系统(社会环境)两类;主体因素包含居住者个体、群体和社区组织等。这些要素共同构成了乡村聚落的本体(具体如图 1-1)。以下据此思路对乡村聚落研究动态进行简要综述。

1.2.1   客体认知下的乡村聚落客体研究

从国内研究现状看,大部分内容集中于乡村聚落客体要素的相关研究,其中主要包含自然因素导向、社会因素导向和综合导向的三个层面。

(1)自然因素为导向的相关研究主要通过分析生态、地理、气候、水文、资源等自然因素与乡村聚落之间的关联,从而探讨乡村聚落形成、发展、规模、布局的成因,分类并且制定乡村聚落与环境协调发展的对策和营建模式。金其铭在 1982 年提出农村聚落地理研究的意

---

① 李贺楠.中国古代农村聚落区域分布与形态变迁规律性研究[D].天津:天津大学,2006:8-14.
② 朱炜.基于地理学视角的浙北乡村聚落空间研究[D].杭州:浙江大学,2009:10-16.
③ 浦欣成.传统乡村聚落二维平面整体形态的量化方法研究[D].杭州:浙江大学,2012:20-25.
④ 李晓峰.乡土建筑:跨学科研究理论与方法[M].北京:中国建筑工业出版社,2005:1-14.

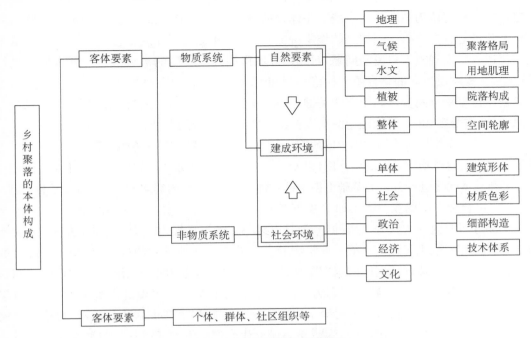

图 1-1　乡村聚落的本体构成

(资料来源:笔者自绘)

义①,认为自然环境对聚落的形成布局有重要的影响,并将江苏省村落依据地理要素的影响划分为九类:徐海平原型、淮阴平原型、南部平原型、丘陵岗地型、山区型、湖荡型、沿海垦区型、高沙土地区型以及圩区型。王建华基于建筑对不利环境应对的思考,从气候的角度分析了江南不同气候区的民居形态和体型变化系数,同时确立了江南地区室外气候与人体中性温度的关系②。朱炜认为乡村的差异源于地理的差异,其对浙北乡村聚落空间进行了拓扑分析以及居民的满意度调查,并总结了民居对各类环境的应对方式。李建斌认为传统民居中蕴含着人们对自然的理解和大量的生态营建经验,根据聚落的选址、空间以及对材料细部的特征剖析,提出了传统民居中"整体""应变""适中"等营建思路③。此类研究虽以自然要素为主导但也都部分地引入了社会要素和主体要素的制约作用,并非完全单项化的思考方式。

(2)社会因素为导向的相关研究主要以文化、经济、政策、人口等相关问题为切入点,一方面将乡村聚落视为诸多要素构成的复杂体探讨其形成的深层机制,另一方面透过社会现象把握社会问题,从而解决现阶段发展壁垒。李建华从文化学的视角分析了西南聚落文化演化过程中的诸多特征,认为土地作为一种文化现象是聚落形态的根荃④。朱晓青着眼于生产经济和生活居住两大核心环节,解析了产住共同体的动因和范式,并提出了混合增长的

①　金其铭.农村聚落地理研究——以江苏省为例[J].地理学报,1982(3):11-20.

②　王建华.基于气候条件的江南传统民居应变研究[D].杭州:浙江大学,2008:186-188.

③　李建斌.传统民居生态经验及应用研究[D].天津:天津大学,2008:182-184.

④　李建华.西南聚落形态的文化学诠释[D].重庆:重庆大学,2010:19-20.

相应策略。林涛认为浙北乡村在城乡一体化的背景下呈集聚化发展趋势,分析了在此过程中相关政策对乡村聚落空间演进的作用特征和规律,并提出了相应的优化策略。吴晓结合城市化过程中大规模人口流动问题,对国内外城市周边聚集区的形成机制和基本特征进行了比较,认为物质空间的整合要从村落编制和流动人口安置两方面共同着手,对人口迁移的研究是探讨聚落空间变迁和分布的关键①。雷振东针对当下乡村发展中存在的"空心村"以及房屋、设施等废弃问题,从理论的高度提出了整合与重构的发展策略。

这类基于乡村聚落非物质因素的研究一般不会独立于物质系统存在,而是强调在乡村发展到一定阶段后对物质系统的反作用,以及对整体发展的助动力。大多数文章都在对当今存在的某类具体问题进行分析的基础上提出针对性的论点,研究内容多样化,且涉及学科广泛。

(3)综合导向下的乡村聚落研究随着各种交叉学科的出现,其所占比例也变得越来越大。这部分研究内容大致分为两种:一种是以某一交叉学科视角的研究方式,如基于人文地理学、文化生态学、生态经济学等。业祖润的研究偏向人文地理学的视角,认为人居环境的影响因素不仅在于地理环境同时也在于传统的自然观和宗法社会,提出了居住环境空间是以自然生态为载体、以人工物质形态为主体、以精神文化形态为灵魂的有机统一②。李贺楠在文化生态学的视野下通过对乡村聚落内在的文化机制和生态机制的分析,对聚落的区域分布和形态变迁进行了规律性研究③。李雷结合生态经济学的相关理论与城市化背景下乡村景观规划的个中问题,建构了生态经济发展视野下的乡村景观规划的理论体系,提出了相应的理论内涵④。另一种综合导向下的研究方式是从更加宏观的视野把握特定乡村聚落演进历程的研究类型。李立在其著作《乡村聚落:形态、类型与演变——以江南地区为例》中强调了乡村聚落作为一个复杂要素相互制约的有机体,必须从整体的视角进行把控⑤,并从时间和空间两个层面对江南乡村聚落发展中的各种影响因素进行了深入的解析(表1-1)。谭立峰通过对影响河北传统堡寨的自然因素和社会因素的分析,总结了堡寨聚落演进中的表现形式和发生机制⑥。

表1-1　江南乡村聚落历史发展概况

发展阶段	社会经济系统特征	聚落空间特征
自然生态制约下的均衡期(1840年前)	农业文明为主导,注重乡土观念,血缘为联系纽带,水运网络发达	均质化分散布局,与水网关系密切,基于步行尺度的内部交通网络,缓速、紧密的聚落发展模式
近代工业影响下的转型期(1840—1949年)	自然经济逐渐解体,乡村走向败落,精英人口流失,乡村生活世俗化	工业斑块开始出现,开始呈现无序化发展

①　吴明伟,吴晓,等.我国城市化背景下的流动人口聚居形态研究:以江苏省为例[M].南京:东南大学出版社,2005:1-10.

②　业祖润.中国传统聚落环境空间结构研究[J].北京建筑工程学院学报,2001(1):70-75.

③　李贺楠.中国古代农村聚落区域分布与形态变迁规律性研究[D].天津:天津大学,2006:1-10.

④　李雷.基于生态经济发展下的乡村景观规划研究[D].长沙:中南林业科技大学,2008:1-9.

⑤　李立.乡村聚落:形态、类型与演变:以江南地区为例[M].南京:东南大学出版社,2007.

⑥　谭立峰.河北传统堡寨聚落演进机制研究[D].天津:天津大学,2007:1-14.

（续表）

发展阶段	社会经济系统特征	聚落空间特征
城乡分治建构下的徘徊期(1948—1978 年)	以户籍制度为代表的城乡分治、宅基地政策,工业化和城市化不同步,乡村精英退出舞台,队办、社办企业出现,积累集体资金	向外扩展缓慢,内部重组剧烈,大型院落、祠堂等重要聚落节点退出,聚落内部向均质化、单一化发展,道路、水渠等公共设施发展迅速
体制转型主导下的巨变时期(1978—2000 年)	劳动力的非农化、工业资源的流动、乡村工业快速粗放式发展,后期步入转型、人口规模膨胀	村庄规模急速增长,工业斑块无序扩张,聚落内核空废化,交通网络属性变更,小城镇建设

（资料来源:林涛《浙北乡村集聚化及其聚落空间演进模式研究》）

　　此类研究以更加综合、均衡的视角整合了乡村聚落发展中的诸多因素,而实际上这类研究更多的是对客体要素中物质系统与非物质系统的整合,而对主体要素的把握仍处于边缘化位置。如果自然因素导向和社会因素导向下的相关研究更多地关注某一要素的核心作用的话,那么综合导向下的研究则更加关注要素间的相互作用所引发的机制规律。

1.2.2　主体认知下的乡村聚落客体研究

1.2.2.1　主体认知与空间研究相关理论

　　关于主体认知的研究及理论大多在城市空间领域,依据研究上对主体和空间在认知中的不同侧重可将其大致分为三类:侧重主体对空间的认知、侧重空间环境对主体认知的影响以及将主体认知作为内在机制侧重空间对空间认知的研究。

　　1) 主体对空间的认知

　　这类研究大多基于心理学和行为学视角,以人对空间环境的感知作为核心关注点,研究成果颇为丰富,许多经典著作都可视为此类研究的典范。扬·盖尔在《交往与空间》中以生活街景作为启发,提出物质环境可以在人们交往过程中起到阻碍或促进的作用。因此,他认为理解居住者的行为活动、心理感受和心理需求是改善城市空间的关键环节。他把人的活动分为必要性活动、自发性活动和社会性活动三类,认为应根据不同活动来定制城市的空间环境,目的在于明确城市服务于人的本质[1]。凯文·林奇在《城市意象》中提出了"可意象性"这一概念,并且将城市认知要素提炼为著名的城市五要素:道路、标志、边界、节点和区域。他认为,不论城市多么复杂,其意象最终可被解构成以上五点,同时这些要素是相互关联的,并分析了不同要素的组合对人们心理的影响[2]。芦原义信在《外部空间设计》中通过对日本、意大利等城市外部空间的对比,提出了积极空间(P 空间)、消极空间(N 空间)的概念,以及加法和减法创造空间秩序的方法,以理性的定量分析把握人的感受[3]。拉斯姆森在《建筑体验》中对西方传统和现代经典建筑进行了详尽的解析,从人们对建筑的体验感受着眼,通过对尺度、比例、质感、色彩、光等要素的把握和处理,试图传达理想的建筑设计应给予

---

[1]　[丹麦]扬·盖尔.交往与空间[M].何人可,译.北京:中国建筑工业出版社,2002:2-41.
[2]　[美]凯文·林奇.城市意象[M].方益萍,何晓军,译.北京:华夏出版社,2001.
[3]　[日]芦原义信.外部空间设计[M].尹培桐,译.北京:中国建筑工业出版社,1985.

使用者和体验者一种充满智慧的惊喜①。此外,以莫里斯·梅洛-庞蒂为代表的知觉现象学流派认为对空间环境的认知要回归身体本身②,斯蒂芬·霍尔就是在此基础上进行的建筑理论研究和实践创作。

2) 空间对主体认知的影响

同样是对主体认知的关注,这类研究更加侧重空间环境本身的意义,关注对已有环境中意义的提炼。拉普卜特在《建成环境的意义:非言语表达方式》中特别强调了空间环境对使用者的意义的重要性,并且认为人类具有非语言行为,可以通过对环境中固定特征要素、半固定特征要素和非固定特征要素的直接观察提炼线索,进而鉴别使用者的认知方式③。此外,以罗西为代表的建筑类型学研究以原型为着眼点,认为虽然生活和生活中的形式是易变的,但生活所依托的发生类型则是一种相对的恒量。类型是传递主体认知和社会文化的媒介,是集体意识记忆发展的结果呈现。鲁道夫斯基在《没有建筑师的建筑:简明非正统建筑导论》中讨论了普遍存在于民间的建筑艺术,认为建筑创作不是少数精英的个体行为,而是可以由具有共同文化传统的群体通过自发、持续的活动而形成,建筑作为活动的成果蕴含着群体认知的精髓④。还有一类基于海德格尔的存在主义现象学思想的研究,注重建筑和场所对人类认知的反映。其代表人物诺伯舒兹在其著作《实存·建筑·空间》中对海德格尔的《筑·居·思》进行了物化的解释,并且在其之后的著作《场所精神:迈向建筑现象学》中明确地提出建筑是人"存在的立足点"⑤,在强调环境对人的影响的同时注重探究建筑精神层面的内容,其意义已超越早期机能主义学派对人与环境关联的诠释。

3) 空间本体的自我解析

这类对空间认知的研究方式表面上是空间本体的自我解析,实际上是融入了主体认知内在逻辑过程。研究认为虽然空间的产生与人的认知行为紧密关联,但空间本身又是群体主体认知的存在外显,因此对空间本体的解析可从空间自身切入。其中空间句法理论最具代表性。这一理论在 20 世纪 70 年代首先由比尔·希列尔提出,现今已成为一套完整成熟的体系,通过空间分析计算机技术得以完成。其核心思想包括以下几点:空间的规律性受制于空间本身的自然几何法则。一方面人对空间规律的理解是自明的,因此人与社会的认知活动可以通过空间规律展开,包括社会交往活动、经济活动等;另一方面,空间内在的几何法则又会限制人的行为活动。同时,空间的组合方式不是无穷尽的,而是基于一系列特定的要素形成的结构性关联,如连接值、控制值、深度值、集成度和穿行度等变量⑥。这一理论将空间与社会的应变机制分析建立在群体主体性的层面,认为空间的复杂度一旦形成便会对个体起到约束作用。

---

① ［丹］拉斯姆森 S E.建筑体验[M].刘亚芬,译.北京:知识产权出版社,2003.

② ［法］莫里斯·梅洛-庞蒂.知觉现象学[M].姜志辉,译.北京:商务印书馆,2001.

③ ［美］阿摩斯·拉普卜特.建成环境的意义:非言语表达方法[M].黄兰谷,等译.北京:中国建筑工业出版社,2003.

④ ［美］伯纳德·鲁道夫斯基.没有建筑师的建筑:简明非正统建筑导论[M].高军,译.天津:天津大学出版社,2011.

⑤ ［挪］诺伯舒兹.场所精神:迈向建筑现象学[M].施植明,译.武汉:华中科技大学出版社,2010.

⑥ 段进,［英］比尔·希列尔,邵润青,等.空间句法与城市规划[M].南京:东南大学出版社,2007.

1.2.2.2　主体认知与乡村聚落相关研究

乡村聚落关于主体性的研究基本以上述城市空间认知理论为基础,研究重心颇为相似,但也有所区别,可将其归纳为三类:侧重心理行为层面、侧重自主营建层面以及侧重自治管理层面的研究类别。

1) 心理行为层面

研究重心建立在主体认知与空间关系中最为基础的层面,通过对心理、行为的解析研究聚落空间环境的结构与形态特征。宋月光针对新农村建设中出现的乡村意象缺失的问题,从环境心理学视角分析了乡村意象要素的自然性、农耕性和乡土性等特征,从居住者对乡村的认知出发最终落脚于乡村意象的营建策略①。倪静雪认为乡村景观规划的基础是景观意向的营造,并通过问卷的方式归纳了乡村景观的意象要素,提出了景观风貌设计的五原则:情节、过程、识别、舒适、节约②。谢宏丽基于对传统居住空间研究的思考提出要针对具体的空间类型对人的心理行为进行解析,以"模糊空间"的概念探寻人与空间的对应特征并提出了一些具体的设计意见③。刘小洋、鄢然从传统聚落村民的交往空间着眼,分析了交往发生的内在动因以及适宜交往的空间特征④。

2) 自主营建层面

自主营建或自发性建造是乡村聚落形成的重要特征之一,也是区别于城市空间的主要成因,因此此类研究重点集中在自发性建造的机制和协同营建策略两方面,其成果相对于上类基本认知层面的研究更加具体,可操作性更强。谢英俊是这一方向的代表人物,他在震后重建乡村实践过程中提出了"协力造屋""互为主体"等一系列重要概念⑤,从哲学理论到实际操作层面均很好地诠释了乡村营建中对村民主体的关注和建筑师的职责,同时也引起了国内学者的广泛关注。卢健松认为自发性建造是地域性研究的重点,其以自组织理论为基础归纳了影响系统运转的重要属性,即短程通信、特征涌现和生成机制,提出了尊重已有"序"的界定式应答方式⑥。王冬认为乡村聚落的营造不仅仅是技术层面的,而是一种复杂的社会综合问题。他提出了"建造共同体"的参与概念,并就建筑师的职能问题明确了三种工作方式:交互的、斡旋的以及引导的⑦。王雪如以杭州双桥区块乡村为例提出了"整体控制下的自主建造"⑧模式,强调对居住者意愿的尊重,意图还原最本真的生活需求。

3) 自治管理层面

与以上两类以建筑学为核心的研究方向不同的是,这类研究更加偏重社会、政治、管理等层面。其中,多数研究将问题指向乡村自治中村民主体意识的缺失现象。吴春梅、邱豪认

① 宋月光.基于环境心理学视角的新农村乡村意象的研究:以山东省王因镇新农村建设为例[D].北京:北京交通大学,2012.
② 倪静雪.解读乡村景观的意象[D].上海:上海交通大学,2007.
③ 谢宏丽.基于行为心理的中国传统住居模糊空间研究[D].长沙:湖南大学,2010:51-52.
④ 刘小洋,鄢然.传统村落村民交往活动空间分析[J].大众文艺(理论),2009(8):9.
⑤ 聂晨.复杂适应与互为主体:谢英俊家屋体系的重建经验[J].时代建筑,2009(1):78-81.
⑥ 卢健松.自发性建造视野下建筑的地域性[D].北京:清华大学,2009:250-256.
⑦ 王冬.乡村聚落的共同建造与建筑师的融入[J].时代建筑,2007(4):16-21.
⑧ 王雪如.杭州双桥区块乡村"整体统一·自主建造"模式研究[D].杭州:浙江大学,2011:55.

为乡村治理中行为主体之间关系不顺的实质是"社会权利的失衡"①，需要提高乡村自组织效能以及相应的政策扶植。李新认为村民自治是基层民主政治建设的重要组成，提出了弱化政府"代理人"角色、以引导方式提升村民积极性并重视村民的自我改造的对应措施②。谭德宇指出农民作为乡村治理的主体的重要标志是主体意识的建立，实际工作中应以加强尊重村民意愿和提高制度改革为重心③。翁一峰、鲁晓军指出在乡村环境自治方面应以村民需求为导向，划定清晰的管理边界，提高村民的参与程度以及开展经济适度的环境整治，同时关注物质环境和精神文明的共同改善④。

1.2.3　整体认知下的乡村聚落本体研究

整体认知视角下的相关研究是指以乡村聚落的主客体要素的共同作用为基础、以聚落本体为研究对象的研究内容。这类研究不同于客体认知中综合导向仅从影响乡村聚落的物质与非物质要素入手，而是以一种更为宽广的视角解析聚落各要素的联动机制。其具有代表性的研究类别主要有两类：以人居环境科学为基础与以复杂性科学为基础。

1）人类聚居学与人居环境科学

希腊著名建筑师、规划师道萨迪亚斯创立了人类聚居理论，他强调聚居环境研究的整体性，对与聚落相关的主客体要素进行综合解析，而非如地理学、社会学、心理学等学科仅偏重其中的某一方面。以此为基础，吴良镛先生提出了"人居环境科学"的概念，并将人居环境系统分为五大部分：自然系统、人类系统、社会系统、居住系统以及支撑系统⑤（图1-2）。此后国内高校相继成立了以特定地区和类型的人居环境为研究中心的学术团队：清华大学人居环境研究中心不仅奠定了人居环境科学的整体构架，并且对我国乡土民居展开了较为广泛的研究；同济大学、东南大学和浙江大学研究团队针对长江三角洲地区人居环境从宏观的理论构建到微

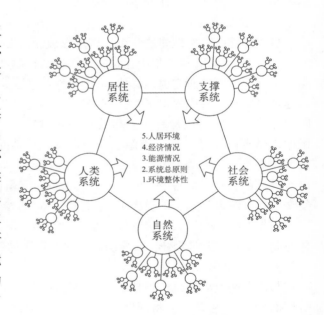

图1-2　人居环境系统模型

（资料来源：吴良镛《人居环境科学导论》）

———————————

①　吴春梅，邱豪.乡村行为主体结构功能失衡下的村治研究[J].云南行政学院学报，2011(3)：124-126.

②　李新.村民自治中农民主体意识的培养[D].哈尔滨：哈尔滨师范大学，2011.

③　谭德宇.乡村治理中农民主体意识缺失的原因及其对策探讨[J].社会主义研究，2009(3)：80-81.

④　翁一峰，鲁晓军."村民环境自治"导向的村庄整治规划实践——以无锡市阳山镇朱村为例[J].城市规划，2012(10)：64-66.

⑤　吴良镛.人居环境科学导论[M].北京：中国建筑工业出版社，2001.

观的技术实践做出了大量的探索;重庆大学和西安建筑科技大学研究团队立足于本土人居环境类型,分别对山地和黄土高原的特殊性展开了相对综合的深入研究。

国内关于乡村聚落人居环境的研究集中在两个方面:一种为紧贴人居环境学科所强调的整体性,并以其作为研究的着眼点,属于整体认知下的研究方式;另一种虽提及人居环境,但在论述中仅将其作为"人类居住环境"的概念,并未从人居环境科学的视角进行研究,在此不再展开。

2) 复杂性科学

复杂性科学的研究方法主要强调抽象理论与信息模拟,通过聚居系统的模型来对聚落未来发展做出预测性研究。段进以具有明显地域自然条件与文化传统特征的太湖流域为研究范围,对该地区古镇整体特点、空间构成、空间环境等通过结构与形态两方面进行综合和全面的解析,运用社会学、心理学、行为学、美学等学科的基本规律和原理对古镇空间形态进行分析,揭示人的心理行为与城镇空间及建筑环境之间的互动关系[①]。

1.2.4　乡村聚落研究的不足

1) 研究视野的宽泛化与本学科专业性弱化

早期有关乡村聚落的研究无论是基于地理学、社会学还是经济学等大多局限于本学科视角。然而,随着研究内容的不断深化,研究方式得到了相当程度的扩展。加之当前乡村聚落发展中所面临的问题相对集中,各学科都在思考相似的问题,如文化缺位、生态退化、资源空废等,这些现象都不再是某一单一学科可以解决。因此学科与专业的交叉融合成为现阶段研究的重要特征。兼容并蓄的方式固然为问题的解决提供了更加开阔的思路,也一定程度地避免单一学科体系研究的局限性,但同时也引发了研究视野的过于宽泛、偏离本学科特征的局面。"一些研究跳出了原有的学科局限,又落入新的研究困境,而分支学科研究的增加弱化了理论研究的统一性和系统性。"[②]因此,综合运用知识的能力和重要性将更加凸显,尤其是如何挖掘本专业在研究中的核心意义,将其融入并贯穿乡村聚落研究脉络的始终,多维视野下研究的专业性回归应成为后续研究的重点。

2) 主体认知研究的内容匮乏与理论局限

纵观我国目前乡村聚落的研究成果,大多集中于客体认知导向下的研究类型,即使是整体认知导向下的研究内容也往往弱化对主体认知的关注,即对居住者主观作用的关注。然而,从国外乡村发展建设的经验和我国乡村发展所面临的问题来看,主体性已成为乡村合理发展和解决当下问题的重要内容,乡村意象的再生、自主建造的完善以及乡村自治的最终实现等主流问题都与村民主体性的作用息息相关。同时,关于主体认知的研究理论和方法大多基于对城市空间生活和问题的理解,以单一的城市理论为主,而针对乡村聚落的相关理论仍为极少数。理论支撑的不足直接制约了研究内容的拓展,许多研究往往处于一种照搬或套用城市模式的阶段,其中部分研究与问题的衔接性较弱。

① 段进,季松,王海宁.城镇空间解析:太湖流域古镇空间结构与形态[M].北京:中国建筑工业出版社,2002.
② 朱炜.基于地理学视角的浙北乡村聚落空间研究[D].杭州:浙江大学,2009:19.

3）主体认知本体研究的忽视与误读

现有主体认知导向下的研究内容基本局限于主体与客体的相互作用,而对主体认知本身的发生演进的机制往往不够重视,即对主体认知本体的关注的忽视。由此使得此类研究呈现出一种片段性或臆想性,面对影响主体认知的诸多因素研究方法略显盲目,直接导致了研究成果在系统性与结构性方面的不足。不仅如此,对主体认知本体研究的忽视还会引起理解的偏差。一些文章以村民意愿作为研究的着眼点,认为在最大程度上对其给予尊重和实现便是对村民主体认知的理想诠释,而实际上这一思路不仅难以实现而且也并非理想。其原因一方面在于对设计者主体性的过于弱化,甚至将其视为一种单向的依附因素,而实际上设计者的能动性在乡村建造过程中是尤为关键的;另一方面,由于忽视了对认知本体的研究而引起概念误读,将主体认知片面地理解为满足村民的心理和行为需求,村民的主体性被过于夸大,而对认知深层的机制作用探究不足。

1.3 研究对象与相关概念

1.3.1 研究对象与视角选择

本书以乡村聚落作为研究主体,试图在深入剖析村民主体认知和空间聚落生成机制的基础上,形成一套行之有效的营建策略。以村民主体认知作为乡村聚落营建的研究视角源于以下几方面思考:

首先,乡村聚落漫长的发展历程中,村民一直作为居住和生活的主体,是乡村自发性建造和自组织发展的主要动力要素。以村民主体认知作为视点是解释聚落发展和演化机制的关键因素,也是解决时代背景下因乡村聚落快速建设所引发的诸多问题的有效方法。建造和发生方式上的特殊性决定了将乡村聚落视为工业化城市模式进行设计是不能有效地与其原有产生机制相互契合的,也无法体现二者之间的差异性。

其次,建筑规划人员作为乡村生活的场外人员由于无法亲历聚落演进中的种种影响,只有通过一种理性的设计方法进行设计和制定相应政策来指导村落的建设。但这种理性思维通常来源于设计者的个人体验或是表面化的衡量标准,带有很强的主观性和控制性;而乡村聚落的发展则是居住者个体与外界或内部不断交互作用下发生的,整体呈现出一种非理性的演进机制。因此,在这种非理性演进和理性操作之间需要寻求一种视角使二者平稳对接,显然村民主体认知的视角是研究乡村聚落发展和营建的有效方式,同时也是实现乡村可持续发展与乡土文化传承的重要课题。

最后,乡村聚落面临问题的趋同、研究视野的宽泛化迫使学者重新审视本专业的核心意义予以应对。乡村聚落作为人类自身意识作用于自然的产物,是被创造的生活场所,人的主体认知在其中占有重要的地位,也是建筑学科所考量的核心问题之一。然而,以往乡村聚落的研究大多从客体层面出发,主要体现在对影响聚落的物质与非物质要素的理解和把控,对于主体因素的问题却涉及较少。因此,将村民主体认知作为乡村聚落的研究视角既是对研究内容泛化的积极应对,也是对已有研究的有益补充。

1.3.2　相关概念界定

1）乡村聚落

聚落作为人类生活和居住的场所,是在一定的地理环境下各种聚居形式的总称。它不仅包含着建筑的单体、群体,生产生活设施等物质因素,同时也包含着一切与人们居住生活相关的社会活动、生产经济及生活方式等一系列非物质因素,是人类适应自然和利用自然的产物,也是人类社会文明发展的见证。中国古代虽有城镇与乡村之分,但"聚落"所代表的含义却与"村落"是一样的。《汉书·沟洫志》中记载:"或久无害,稍筑室宅,遂成聚落。"这便是对聚落朴素的理解。而今聚落的含义则更为广泛,可指一切人类生活的聚居点,其中包括乡村聚落,也包括城市聚落,其成为研究人类居住环境的重要对象之一。

关于聚落的研究,发行于1841年的《人类交通居住与地形的关系》一书,作者 J. G. 科尔通过对不同形态聚落的对比分析,对聚落空间进行了探索性的研究,但此后却一直没有对聚落分类进行系统和深入的研究。直到20世纪初,O. 施吕特尔发表了《对聚落地理学的意见》一文,首次提出"聚落地理学"的概念,将聚落分为乡村聚落和城市聚落两大部分,且逐渐衍生为乡村聚落地理学和城市地理学两个领域。城市地理学在20世纪中后期研究加速,方法上和理论上都有很快的发展,逐渐成为一门独立的学科,而乡村聚落方面的研究则发展相对缓慢。

2）主体与主体性

主体是与客体相对的概念,主体是发出行动的人,客体是行动的对象。因为哲学是人建立的以人为出发点的思考,主体就是指人,客体可以是人、事或者是其他事物。《辞海》的解释为:主体指实践活动和认识活动的承担者,客体指主体实践活动和认识活动的对象。《马克思历史辩证法的主体向度》与《汉语词典》中解释为:主体是处在一定社会条件下的具有社会性的现实的人,主体的本质的特性是它的社会性、实践性。

人作为主体并不在于他是一个实体性的人,而在于他在与世界的关系中处于一种能动性的地位,即主体性。如果失去了能动性的地位和与世界的积极主动的关系,人尽管还是人,但却不会是主体。可见,主体并不是一个实体性的范畴,而是价值关系的范畴①。人在改造世界的活动中,把自己的目的、计划、愿望变为客观实在。同时,在主体反映和改造客体的过程中,客体移入人脑,经过改造成为人的思想、知识。这不仅反映了主体与客体存在相互转换的可能,而且也体现了在关系转化的过程中主体性的重要意义。

3）认知

认知(cognition)是指通过概念、知觉、判断或想象等心理活动来获取知识的过程,是指人认识外界事物的过程,即对作用于人的感觉器官的外界事物进行信息加工的过程。认知心理学将其看成是一个由信息的获得、编码、贮存、提取和使用等一系列连续的操作阶段组成的按一定程序进行信息加工的系统②。这是人最基本的心理过程。它包括感觉、知觉、记

---

① 李楠明.价值主体性:主体性研究的新视域[M].北京:社会科学文献出版社,2005.
② [美]罗伯特·L.索尔所,金伯利·M.麦克林,奥托·H.麦克林.认知心理学[M].7版.邵志芳,李林,徐媛,等译.上海:上海人民出版社,2008.

忆、想象、思维和语言等。人脑接受外界输入的信息,经过大脑的加工处理,转换成内在的心理活动,再进而支配人的行为,并不断迭代完善。

4）村民主体认知

村民主体认知的内涵应包括两个主要层面:村民的主体性和主体认知的发展性。村民的主体性体现在村民对乡村聚落的演进所起到的能动作用和意义,反映了人与自然和社会之间的价值关系。主体认知的发展性,一方面体现在文中所指村民既包含初始的建造者和居住者,也包含现在居住于乡村的村民,二者之间既有延续的因素,也存在各自的特征;另一方面村民主体认知包含乡村聚落发展过程中所经历的不同时期主体的认知内容的集合,而并非仅仅体现某一时期(过去的或现在的)村民的认知方式。由于社会文化形态的变更,特定时期的村民价值标准存在显著差别,其中既存在值得尊重和继承的优良传统,也存在诸多易变的或有缺陷的认知因素。关于村民主体认知的研究,应建立在一种认知发展的脉络之中,以动态的视角辨识村民主体认知中的精髓与弊端。

1.4　研究目的与意义

1.4.1　研究目的

1）建立主体认知视角下乡村聚落研究的理论体系

乡村聚落在漫长的发展过程中逐渐演化着其特有空间形态,随着工业科技的发展和人口的增长聚落规模也在快速地扩张,加之传统朴素的乡村构建观的逐渐淡化,乡村地域特色也在随之消失。村民主体认知视角下的乡村聚落营建研究不但有助于这种聚落空间地域性的重塑,同时对构建科学合理的乡村发展观具有理论意义。正确认识和理解主体认知的发生原理有助于建筑规划从业人员在进行乡村聚落更新设计时更加科学地把握乡村聚落营建中内在规律性问题,更加合理地协调生态环境、社会生活以及空间聚落之间的平衡度,进而达到维持整个人居环境持续稳定发展的状态。

2）解决乡村聚落自发演进与规划设计之间的矛盾

遍布广泛的乡村聚落大多以自发演进的形式出现,空间局部上因地制宜,结合社会人文因素的影响,呈现出一种动态而生动的形式美和独特的地域特征。这种自组织的发展方式使其对周边环境有着很强的自适应性和生命力,原因在于其空间形态的形成是不断与环境进行信息反馈和优化调节的结果。然而,随着乡村城市化进程的不断加速,乡村聚落的这种适应力却在慢慢减退。规模的扩张促使设计者利用既有规划手段试图在短期内完成对乡村空间形态的梳理和改造,这种一次成型的规划方式其灵活度和适应力必然和原有自组织式的发展存在明显的差距,可调性也随之降低。因此,需要在自组织发展和人为干预之间寻求一个平衡点,解决二者之间的矛盾。村民主体认知视角下乡村聚落营建策略可以有效地加大乡村空间发展中的自适应性。同时,这一研究视角是一种自组织与他组织复合的研究方式,从而避免了乡村自组织发展到一定阶段后所出现的空间过度无序和设计匮乏的不良状态,在与乡村自身发展不断适应与调和的过程中,使乡村风貌特色得到传承的同时也激发了聚落空间的内在活力,对乡村聚落营建有着重要的实践意义。

3）提供人本化的乡村聚落营建依据

人的行为活动和认知方式是乡村聚落规划设计中所要考虑的关键因素,也是影响生态系统运行和发展的极为重要的环节。现代规划理念倡导"以人为本"的设计思想,正确地理解这一理念对建立科学的乡村规划观显得尤为重要。"以人为本"并非将人视为一切设计的根本出发点、一切以人为中心,而是在合理地利用和开发生态资源的基础上最大程度地满足人正常行为活动的需求,其实质还是建立在生态系统的核心地位之下。对于乡村聚落而言,积极探索主体认知在聚落空间发展中的影响,研究传统聚落中村民对生态系统的调节模式,有助于乡村规划生态观的构建。当今,人类聚落的扩张对生态系统的影响更加显著,设计者在乡村规划的实践中应合理地分析聚落发展所产生的生态效应,通过科学的规划方法增强聚落自发调节的机能,从而达到缓解人类活动对生态系统干扰的目的。

4）引导乡村聚落营建中和谐价值观的形成

融入村民主体认知的营建策略研究还在于引导一种新型的和谐价值观。这是一种具有主导作用的价值观,并不排斥其他价值观的存在,其能维持和协调各种乡村建设的参与者之间的关系,使各种参与者达成共识。去中心化是新的价值系统中一个突出的特征,通过比较、交流与对话,对混乱无序的主体冲突进行整合,互相取长补短,共同构成一个有序、开放、包容、整体、和谐的大系统①。建筑师在这一过程中不仅作为乡村建设的设计者,更多地承担着一个协调者的身份,面对乡村聚落中村民与其他参与者主体性的碰撞,通过对村民主体认知的把握可以正确认识其中价值观念的差异,并且有助于这种差异的消融,进而形成和谐的营建氛围。

1.4.2 研究意义

首先,乡村聚落是完整的有机体,很多研究提出以整体性的角度解析其演进机制,鉴于诸多客观因素与聚落形成之间建立了因果关联,此类方式对于宏观把握聚落发展脉络是十分必要的。然而,对于乡村聚落地域文化的形成而言,其间不仅包含了客观的自然地理、社会人文等相对稳定的制约因素,而且也包含了主观的情感、心理等相对易变的影响因素,是二者交融的结果,并且在某些情况下主观因素反而成为关键动力要素。这就需要研究者更加关注村民从起初的自发无意识状态到之后的自觉有意识状态的渐进过程,明确村民主体认知对地域文化形成的影响。对村民主体认知的关注包含了对居住者生理和心理需求的尊重,这有助于进一步理解形式更替和材料变化的内在动因,并且最终解释地域文化的成因及其推动机制。

其次,对主体认知的表达也从侧面反映出地域文化细节。当代著名作家梁晓声认为"文化"可以用四句话表达:植根于内心的修养、无须提醒的自觉、以约束为前提的自由、为别人着想的善良。它们体现的正是文化内涵中根本的特性:自发、自觉、自为、自省。这里的"自"并非是指个人,而是相对于主体以外的客体,从主体层面去理解和把握事物的活动及结果是对人类生存关怀的基本方式。文化有两大主体:一类是作为文化的原创者和使用者的族群

---

① 谢天.文化转型时期建筑创作主体话语的表征——宏大叙事？私人话语还是商业运作？[J].同济大学学报(社会科学版),2007(1):48-50.

主体——人的主体；另一类是文化发展到一定阶段所具备的独立价值体系，如信仰、思想、道德伦理等——文化的主体。以主体认知作为研究基础是这两类主体共同作用的结果，二者是无法剥离的。

最后，对于主体认知的研究并非走向文化决定论，否定环境、地理、气候等客观因素的制约。作为人类生存的庇护所，建筑的产生必然受到各方因素的影响：既包含显性的自然地理因素，也包含隐性的社会经济因素；既包含社会主流文化价值观，也包含地方民间的认同体系。诸多因子的相互叠合使得不同地区的地域特征得以区别。这些限定要素是地域性生成的大背景，而不是具体控制某一建筑形态的方式，是生成的依据而非手段。对村民主体认知的把握正是在这种大背景下，将对居住者生存的关怀提升至最为核心的层面，从营建的内在机制出发协调与生态、人文、聚落环境之间的关系，对于研究未来乡村聚落营建的发展方向具有十分重要的启示意义。

1.5　研究框架

1.5.1　研究内容

本书共七个章节，包含三部分内容，第一部分绪论为研究背景和前提，为研究视角的确立及后续的论述奠定了基础。第二部分是文章的主体部分，由第二至六章构成，通过"乡村解读、理论把握、机制分析、策略提出、实证研究"五个方面以聚落空间营建为主旨内容，形成逐层推进的研究路径。第三部分，结语对以上研究内容进行总结并提出发展性建议。

第一章，通过对国外乡村建设经验的总结和对我国乡村发展和研究现状的分析，阐述了以村民主体认知为视角的研究目的、意义、框架等基础性内容。

第二章，对乡村的本意、演进特征与营建的参与者进行了解读，明确了乡村聚落始终在自组织与他组织两种方式的共同作用和相互博弈中演进，并且确立了基于村民主体的研究立场。

第三章，围绕村民主体认知的发展框架、演化动力、交互途径与物化基础四个方面，通过借鉴相关理论的核心概念，建立了主体认知视角下乡村聚落营建研究的理论架构，完成由问题到方法的转化。

第四章，通过对乡村聚落营建与村民主体认知关系的梳理，分别对自然环境、社会环境以及建成环境影响下村民的认知方式和演变特征进行了详尽的解析，进而归纳了乡村聚落的发生机制。

第五章，针对乡村营建中生态自然、社会人文与聚落空间三个层面提出了具有针对性的营建策略，并明确了营建中应遵循整体性、开放性、渐进性与主体性的实施原则。

第六章，以长兴塔上乡村为例加以论证，以期研究成果能对当前乡村聚落营建起到一定的指导意义。

第七章，通过对全文的总结提出了对未来乡村聚落营建的若干建议，并且对研究成果进行反思，分析了本书的不足和问题，同时思考了今后研究值得深化的部分以及对研究进行拓展的可能性。

1.5.2　研究技术路线（图1-3）

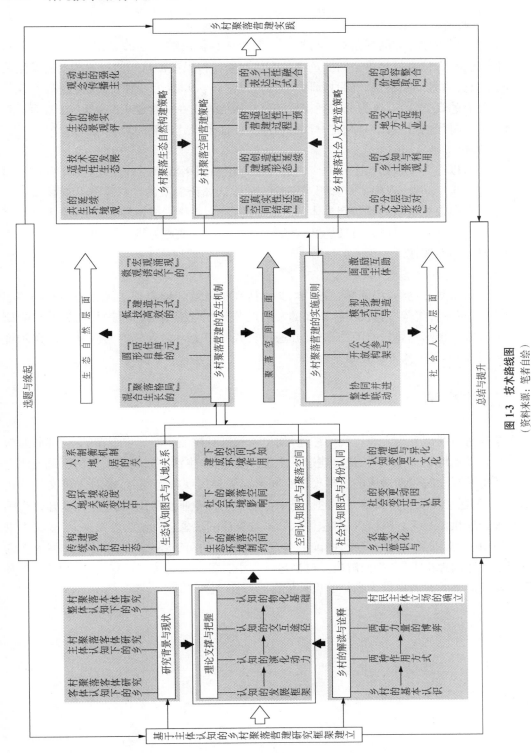

图 1-3　技术路线图
（资料来源：笔者自绘）

1.5.3 研究创新点

1）视角的创新

本书首次以主体认知的视角对乡村聚落的营建内容做出综合性的表述。通过对"认知图式"概念的引入，使乡村聚落空间演进中的客体要素与村民主体认知的发展和变更发生关联，保证了研究内容的完整性。同时，研究中将村民主体认知视为一种发展的过程，不仅关注现代居住者的认知需求，也充分挖掘初始和过往居住者在乡村营建中的认知方式，而不是简单地以某一时代的村民作为标准进行解析，从而保证了研究内涵的综合性。

2）理论的创新

本书针对以往关于认知与空间的研究成果和理论多限于城市空间范畴，而在乡村聚落层面的研究甚少的问题，建构了一套相对完整的主体认知语境下的乡村聚落营建体系。从对乡村聚落空间发生机制的解析到具体营建策略的提出，始终围绕自然生态、社会人文和聚落空间三个层面展开，并且均以村民主体认知的演进、发展、变更为线索，体现了乡土情境下理论的针对性和系统性。

3）方法的创新

综合运用认知心理学、协同学、传播学、文化地理学以及环境心理学等相关理论的核心概念和方法，对乡村聚落中村民主体认知的发展以及其在营建中的作用进行交叉学科的研究。研究着眼于聚落与建筑空间的本体，并通过长兴县塔上乡村营建的案例加以应用和证实，最终实现跨学科方法下的建筑学回归。

1.6 本章小结

本章通过对我国乡村发展历程的综述，指出了我国乡村当下发展中存在的一些问题，包括全球化背景下地域文化失语、快速建造下生态环境退化、生活方式变更引发的土地资源空废化以及由于观念的驱动造成的乡村聚落空间形态无根等现象。同时，在对大量文献分析的基础上，阐述了目前乡村聚落营建的研究中存在本学科专业性弱化、关于主体认知研究的内容和理论均相对匮乏，并且存在对主体认知本身误读的现象。以此为着眼点，提出了本书的研究视角、意义以及研究的框架，明确了本书研究的目的在于建立村民主体认知视角下的乡村聚落营建的理论框架，进而解决乡村演进过程中自发建造与统筹规划之间的矛盾，以及为今后营建实施的开展提供人本化的设计依据。

2 乡村营建的解读与诠释

新村建设正在全国范围内迅速的展开,作为这一过程的切身参与者,在课题组大量田野调研和分析研究的基础上,我们逐渐意识到乡村问题的根源不是简单的经济与技术层面的问题,更多的源于意识形态层面的混杂,以及参与乡村营建的各方力量的差异和相互之间的博弈。因此,对于乡村营建的参与者而言,其有必要重新解读乡村的含义,对其内涵、特征等方面进行再认识,从中发掘其真正的意义所在。

2.1 乡村的基本认识

2.1.1 乡村的本意

与传统乡村灵活自然、特征鲜明而又不失秩序的聚落格局相比,现代乡村呈现出一种或呆板,或杂乱的风貌。"趋同"与"异化"成为当代乡村建设的两类误区。"趋同现象"不同程度地造成了乡村聚落风貌特色的缺失,而单纯的特色塑造又会陷入风貌"异化"的误区。大量未被分析的建筑形态被移植,盲目照抄照搬城市的建设模式,或者简单复制传统的形态,使得乡村风貌呈现出一种无根的繁杂状态,已经逐渐远离了乡土的质朴(表2-1)。

表2-1 乡村建设中的问题解析

建设中的问题	解析
	根基缺失 大量新的元素被引入,与乡村日常生活和地域文化毫无关系,使得乡村建筑"布景化",失去内涵,丧失了乡村风貌"真实"的一面
	形态烦琐 为了攀比,显示财富、地位等,建筑往往用了过多的装饰,结果丧失了乡村建筑的质朴与多元
	尺度失衡 近几年较大规模的建设粗放模仿城市里的布局,结果使乡村一些建筑呈现出不太人性化的尺度

(资料来源:课题组绘制)

　　这种情况的出现,一方面表现出村民自身价值取向和生活方式在时代背景下的变更,另一方面则反映出城市模式在乡村建设中的水土不服。因此,对于乡村的研究应突破单一的形式体系和城市思维模式,更加重视对乡村的内在属性的把握,进而形成适合其特质的研究策略。

　　1) 乡村与农村的辨析

　　乡村,在中国传统社会中是国家生活和伦理社会的空间基层组织。观念上,它首先是生活和社会的空间组织,其次才涉及经济、产业等相关性质。古人多将其称为:"乡""村""里""阎"。这类称谓均指向空间的构成关系,而对业态的类型并未涉及。以"农"这一具体的业态形式来对乡村进行表述,源于近代社会分工的影响,城乡之间的产业差异,使得农业与乡村紧密地联系在了一起,"农村"的称谓也由此产生,并且成为与"城市"相对的概念。然而,当代社会生活的技术发展和形式已经改变了乡村与农业的必然联系,在乡村居住的人口也不一定与农业发生关系,即所谓离土不离乡。农村会消退,但乡村作为一种特定的空间和文化形式以及一种生活形态的本质却永远有其存在的意义①。

　　2) 大传统与小传统

　　大传统(great tradition)与小传统(little tradition)②是美国人类学家罗伯特·芮德菲尔德在《农民社会与文化:人类学对文明的一种诠释》一书中提出一组概念。简单说来,大传统是指由城市社会上层人士所掌握的,通过书写方式所延续的,并且是与时代关系紧密的,是代表了国家与权力阶层的主流的文化传统;而小传统则指由乡村中村民所掌握的,通过口传方式传承的文化传统,在表现出丰富的文化内涵的同时,也显露出与旧时的紧密关联和滞后于时代的特性③。基于这种文化的划分方式,其也可被称为"精英文化"与"通俗文化"。大传统与小传统之间是原生与派生的关系,大传统的文化基因是小传统形成的胚胎,而小传统一旦形成,除了对大传统有继承和拓展,也会存在对它的变更与取代。历史进程中,这两种文化形式是长期共存的,但由于传播方式的差异,使得我们对于代表官式的大传统有着更多的关注,而对于代表乡土的小传统却不够重视。

　　乡土文化传承着先人的习俗与营建规则,体现了村民对社会和自然环境的认知方式,反映着所处时代的环境意义,但同时也存在着时代的滞后性,和认知上的局限性。以建筑师的视野进行乡村营建研究,其可以站在比当地村民更高的视野去认识和主动地学习乡土文化,这对乡土文化的发展是有益的。因此,作为小传统的乡土文化不应该随着现代化的出现而消失,而应采取开放的态度与大传统进行融合。在乡村的营造更新中可通过解读乡土建筑语汇,再运用现代科学进行阐释与提升的方式实现④。

---

　　① 李凯生.乡村空间的清正[J].时代建筑,2007(4):11.
　　② [美]罗伯特·芮德菲尔德.农民社会与文化:人类学对文明的一种诠释[M].王莹,译.北京:中国社会科学出版社,2013.
　　③ 单军.批判的地区主义批判及其他[J].建筑学报,2000(11):24-25.
　　④ 陆莹,王冬,毛志睿.当代民居营造中的标准化与非标准化——《传统特色小城镇住宅(丽江地区)》标准图集编制的相关问题[J].新建筑,2007(4):4-5.

3）乡村应该是什么

乡村的内涵呈现了与村民生活相关的一切要素,其中不仅包含着乡村聚落所处的自然地理、气候资源等物质要素,而且也包含着随时代演进逐渐形成的社会、经济、文化以及与精神相关的非物质要素。物质要素作为乡村聚落营建的显性特征不仅体现着地区的风貌特色,也承载着居住者赖以生存的生活资源,同时还在一定程度上反映了不同社会和经济背景下的时代特征。非物质要素作为乡村聚落营建的隐性特征是随主体与物质要素的共同变迁逐步形成的,更多地体现着居住者的能动性,在乡村营建过程中起到了制约或推动聚落空间演进的隐形作用。

从“三农”问题的提出到“二十字方针”的确立再到乡村振兴战略的提出都反映出乡村问题的解决绝非简单的风貌的美化和设施的完善,而是需要将生产、生活、生态进行整合,协同促进。这就使得乡村聚落的营建也不能仅仅停留在单纯地对物质要素的关注,更应注重物质要素与非物质要素的整合、并行发展。而使之有机整合的核心恰恰是在乡村生活的主体——村民。通过对村民主体的关注,把握他们在乡村营建过程中的需求意识、价值观念及行为方式,优化聚落空间物质要素的同时引导非物质要素的传承和发展,将产业与文化融入地方本土,通过物质要素加以表达,由表及里地反映出乡村的内涵,从而形成融合共生的发展态势。

随着产业结构的调整和改变,乡村的本源可以不再是农业,而是其社会空间的集合形态所体现的与自然、与生活基本事实的依存关系。也许脱离了固定业态的功能关系,乡村将寻求到更加纯粹的本质,这也恰是城市化的真正意义和价值所在。乡村生活的基本事实是具有恒定性的,它的实质从未真正改变,因而乡村空间的类型也十分稳定。从对生活的质朴的解释到聚落空间的营建过程,是对待新村建设的一种理性态度。

2.1.2　乡村演进的特征

乡村风貌所呈现的有机性反映了聚落营建中时间的流变,解释了其演进中由“量”及“质”的基本事实。作为复杂的生命体,这一进程是内部各要素积累和变化的过程。聚落空间要素由简单向复杂转变,其中量变与质变交替发生,从而推进原本混沌的空间状态向秩序转变,秩序的明确化使得人们可以更加清晰地认识乡村聚落的生命机制,并且可能使之成为后续营建的参照和样本,将营建行为由自发推向自觉。

1）简单到复杂

乡村聚落复杂性的增长并非是简单的房屋或设施数量的增加,而是建立在整个系统内部自组织发展的基础上的。自组织作为一种演化的方式包含三类过程:第一,系统由非组织向有组织过度;第二,组织程度由低级向高级演化;第三,在相同组织层次上由简单向复杂进化①。这三类过程既有一定的次序性,又包含一定的循环性。可以这样理解:第一类过程是后两类的前提,根据哈肯对自组织的定义可以明确乡村聚落具备这一条件,在后两类过程中组织程度的提升会引起组织性层级的跃升,而层级跃升到达一定阶段后又会促使组织程度向高级演化,如此阶梯增长(图 2-1)。因此,复杂度的提升是组织程度和层级共同作用的结

---

① 吴彤.自组织方法论研究[M].北京:清华大学出版社,2001:24.

果。乡村聚落这种复杂度的提升体现在两个层面:聚落的建造与社会的建构。对于聚落的建造而言,村民通过对材料的利用形成承重结构、围护结构组成房屋,房屋叠合形成院落,院落之间通过道路的组织构成聚落,实现组织性层级的跃升。在社会建构方面,"人"作为乡村生活的基本个体,通过情感与血缘的联系构成"家",家的关联又形成"族群","族群"的汇聚便形成了乡土社会,同样是一种层级的跃升。由此可见,以上两方面均实现了乡村聚落营建由量的积累到质的转变(图 2-2)。

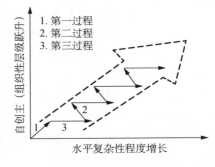

图 2-1　自组织演化过程

(资料来源:吴彤《自组织方法论研究》)

此外,当系统跃升至高一层级时其结构的复杂性往往低于低一层级的复杂性。换而言之,主系统可能存在比子系统更为简化的结构。例如聚落空间形态虽然类型丰富,但仍可将其大致归纳为山地型、水网型、枝干型等类别。然而构成聚落的房屋却因人的使用需求不同而拥有更加复杂多变的空间形态;社会形态虽然复杂庞大,但也仍可将其分为不同阶层进行探讨,然而组成社会的单一成员却存在更加复杂的个体结构。正因为这一规律的存在,人们一方面可以从高一层级更加宏观的角度对系统加以控制,另一方面也导致了一定程度的信息缺失。规划设计就是典型的例子,传统的城市规划将生活空间按不同的使用性质划分为相应的功能分区从而达到简化空间结构的目的,但同时也带来了局部瞬时人口密度过高、交通压力过大以及使用不便等城市问题。出现这一问题的根源在于理性主义原则下对真实世界中低层级系统的关注不足而导致设计的不足。对于乡村聚落的营建而言,如果继续依照这种传统的城市模式实施,那么带来的将不仅是使用的不足,更可能造成对聚落生活的深层结构的破坏。

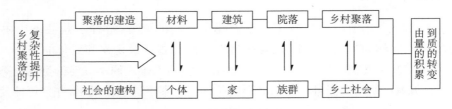

图 2-2　乡村聚落的复杂性提升

(资料来源:笔者自绘)

虽然设计不可能也没必要满足每一个个体的特定需求,但这并不意味着建筑师可以对其完全忽略,而是应在关注上层系统达到简化问题的复杂度目的的同时,也关注组成系统的基本要素从而丰富设计的灵活性,从两个层面出发共同寻找答案。只有适宜的复杂性才能保证建筑设计在次一层级深化中多样性的实现,并且通过对居住者适当的引导使其可以自发地进行后续的设计。

2)混沌到秩序

当复杂性发展到一定阶段后,乡村聚落会呈现出一种看似随机且无规律的状态,但其内部却隐含着维持系统稳定的发生机制,这种表现形式便是混沌状态。混沌作为一个难以清晰界定的概念,本指宇宙形成之前的混乱状态,后指美国气象学家爱德华·诺顿·罗伦兹提出的混沌理论。混沌系统至少存在三种显著特征:随机性、敏感性与无周期的规律性。首先,混沌系统所表现出的随机性是一种未分化的、伴随规律性同时出现的混合状态。其次,混沌系统对初始条件的敏感性极强,初始微小变化在经过不断放大后可能引起未来的系统状态出现极大的差别,即所谓的蝴蝶效应。最后,随机性的存在决定了系统长期演化的无周期性,然而对初始条件的敏感性又带来了短期变化的可预判性,这便形成了一种无周期的规律性。

混沌是随机性与规律性的统一,而秩序则体现了一种稳定的、条理化的状态。通常秩序可以分为自然秩序和社会秩序。自然秩序由自然规律所支配,如人的生老病死、月的阴晴圆缺等自然现象;社会秩序由社会规则所维系,是人们在长期社会交往过程中形成的相对稳定的关系模式。秩序的形成可以是混沌系统演进中内在规律的主动显现,也可以是外力作用下的秩序呈现。前者体现了自组织的演进思路,而后者则代表了以规划为主要手段的控制思路,乡村聚落的发展正从前者向后者逐渐过渡。传统乡村聚落中村民的营建行为虽看似随机,却存在着思路上的一系列共识,如对土地面积、交通可达性、使用效益等方面的关注,营建呈现出向资源及其他相对优势集聚的特征规律。聚落环境通过反复的自我调适逐渐形成具有相当合理性的演进秩序,并且可以在一段时期内持续的稳定存在①。然而,乡村发展的加速使得这种自发演进的方式不再适应新时期的建设步伐,引入乡村规划的核心意义在于对聚落空间秩序的快速建构。目前,乡村规划还没有一套特定的完善体系,大多源于对城市规划理论的借鉴,这就很可能带来由于规划层面的高度理性而导致极度秩序化的发生。柯布西耶在巴西利亚和昌迪加尔规划中所倡导的理性主义所带来的后期使用不便就是前车之鉴,毕竟生活空间不是精密的仪器,如此只能带来场所活力的丧失和整体机能的衰退。

混沌与秩序不是乡村聚落演进的对立面,从混沌到秩序对于建筑师而言更多的是一种认知层面的转变。探讨混沌的意义在于挖掘隐含在表象背后的规律性,利用混沌系统的普适特征,将其作为规划设计中秩序建构的必要依据。以传统聚落中内在的恒定因素(即秩序)作为乡村规划的基点,是实现乡村聚落有机更新的有效途径。

3)自发到自觉

乡村聚落通过内部不断的涨落与协调促使混沌系统中"序"的形成,聚落空间和人的行为在"序"的引导下自发演进,进而使得乡村聚落生成稳定的地域特征。传统聚落之所以呈现出自然乡土的美学特征其原因就在于这种自发的生成方式,其基本特征可以大致归纳为三点:存在的普遍化、实施的开源化与形式的多样化。

伴随城市化节奏的加速,大片传统聚落正慢慢失去往日的活力,曾经鲜明的乡土风貌也逐渐淹没在对城市整脚模仿的形式之中。这一现象的背后至少存在两方面原因:其一,政府为主导的统筹建造方式很难呈现传统自发性建造所表现出的多样性,是"速成建造"无法回避的问题;其二,即使是以自发性建造为主要方式演进而来的乡村聚落其风貌也无法匹及传统聚落所固有的美学特征,由于居住者价值观念的剧变,建筑形态表现出一种杂乱的倾向。无论哪一方面所表现的问题都与建造的自发性有关,在这一背景下建筑师开始更加关注最

---

① 綦伟琦.城市设计与自组织的契合[D].上海:同济大学,2006.

为质朴的乡土价值。伯纳德·鲁道夫斯基是这一倾向的先驱,他在《没有建筑师的建筑:简明非正统建筑导论》一书强调了自发性建造内在的价值意义,并将地方、乡土与自发性统一起来。Arati Chari 在《开放空间的永恒传统》(*A Timeless Tradition of Open Space*)一文中将乡土建筑的自发性描述为:"乡土建筑的形式是对场地与气候的自发回应,也是对人与人之间复杂结构的回应。"[①]国内也不乏这方面的研究学者,王冬试图从乡土建筑营造中提取对建筑创作在操作中的意义,提倡对地方生活的关注和适应,建筑与规划师应通过引导的方式而不是完全通过系统设计过程参与乡村营建。卢健松从地域性的视角探讨了自发性的意义,认为建筑师的权利职责应适度,不能夸大也不能轻视,并且结合自组织理论中的"序参量"概念提倡对地方既有秩序的尊重,合理引入建筑师个人观念推进新地域性的发展。

　　乡村聚落演进的自发性体现在存在的普遍化、实施的开源化和形式的多样化等方面(具体如表 2-2),对自发性的关注反映了建筑师正在以一种自觉的方式思考传统乡村聚落表象背后的价值意义。营建层面从自发到自觉的过渡是对乡村内在秩序的强化和对主体关怀的提升,自觉地关注自发性并非认可其或精美或简陋的表象,重要的是通过这些表象把握村民对生活需求和生态环境最质朴的应答。建筑师在这一过程中可以更加清晰地认识自身参与乡村建设的职能,融入聚落空间生成的秩序中进行适度的创造,才能最终实现改善人居环境的目的。

表 2-2　乡村聚落演进特征阐释

基本特征		阐　释
存在的普遍化	时间层面	在建筑师参与乡村建设之前的很长时间内,乡土建筑都是由当地工匠和村民建造完成的
	空间层面	即使在国家大力提倡新农村建设的今日,全国范围内大部分建筑仍由居住者自发建造完成
实施的开源化	参与方式	村民不仅能作为房屋的使用者,而且也作为设计者和建造者与工匠共同参与实施
	建造方式	以长期实践和生活经验为依据,建造体现出居住者基本的行为和需求的
形式的多样化	材质	经济影响材质的选取,从地方材料到普及化材料
	色彩	除材质影响外,时间的跨度也带来了色彩的纷杂
	构造	以工匠施工经验为主融合受观念影响的流行样式

(资料来源:笔者根据卢健松博士论文《自发性建造视野下建筑的地域性》内容改编)

2.1.3　乡村营建的参与者

　　乡村的营建是多方人员共同参与的结果,其中不仅包含在乡村生活的村民,而且也包含

---

① 卢健松.自发性建造视野下建筑的地域性[D].北京:清华大学,2009.

介入营建活动的其他组织或团体,如政府、村委会、建筑师等。这些参与者在营建过程中表现出不同的职能和作用。

1) 村民——乡村生活的主体

作为乡村生活主体的村民,继承着地区的历史与文化背景,通过一定的地缘、血缘和业缘相互联系。具体来讲,其指在一定地理区域的村庄范围内取得居住资格的人口,包括永久性居民和非永久性居民。村民在乡村营建中承担着多重角色,既参与初期的建设建议,又是建设过程的投资者和建造者,更重要的是,村民作为房屋的直接使用者是整个乡村建设的最终受益者。同时,村民的主体性不仅体现在个体的微观层面,更加体现在居住于乡村的全体村民的群体性上,因此村民的主体性具有广泛性和全面性的特征。

随着乡村聚落在政治、经济、产业等方面的不断调整,村民的主体属性也在随之发生改变。生活方式与价值取向的转变都成为村民主体因素显性化的结果,对村民主体性的关注和把握应作为乡村营建中的核心环节。作为由村民主体构成的群众性组织的村民委员会就应基于这种群体主体性为村民代言,以村民实际的需求和切身利益作为各项工作的出发点,准确地起到村民与政府间信息传递的作用,从而达到自治管理优化的目的。

2) 政府——决策者

新时期社会主义新农村建设进程中政府的作用不仅是领导者与管理者,更是政策的制定者和决策者,从中央到地方各级政府都充分地参与到乡村建设当中并发挥着各自的作用。我国政府在20世纪50年代便提出了社会主义新农村建设的政策,改革开放后又将新农村建设纳入"建设小康社会"的重要内容之一,直到党的十六届五中全会的召开又提出了加快新农村建设战略的"二十字方针",每一步都引领着乡村的发展。特别是"二十字方针"的提出,其从经济、文化、环境、管理多方面明确了乡村建设的方针。随着中央政府将决策权力向地方政府下放,各级地方政府对城乡发展的政策制定更具主导性,同时面对的问题也更加具体。

政府参与乡村建设的手段主要有乡村规划、产业投资与价值引导。乡村规划是建设发展的直接动力,规划的制定和实施一方面可以引导和预见未来乡村理想的发展方向,另一方面也可以解决乡村聚落由于长期自发形成其内部而存在的问题,从而完善乡村整体的系统机制。产业投资是政府干预乡村建设的深层动力,费孝通先生在对江南乡村调查的基础上归纳出四条结论:无农不稳,无工不富,无商不活,无才不兴①。因地制宜地协调乡村产业发展、加大投资力度是市场化在乡村深化的直接体现。价值引导是乡村建设的背景要素,不同历史阶段对价值取向的特定认知直接影响乡村的建设行为。从"农业支持工业"到"工业反哺农业",产业发展的重心在转移;从"一切以经济建设为中心"到"围绕生态可持续发展",社会发展的方式在转变。不同的价值引导不断地在干预中起到潜移默化的作用。

3) 村民委员会与乡村社区——代言者

村民委员会简称"村委会",是我国乡镇所管辖的行政村中由村民选举产生的群众性自治组织,村民委员会是村民自我管理、自我教育、自我服务的基层群众性自治组织。乡村社

---

① 费孝通.江村经济(修订本)[M].上海:上海人民出版社,2013.

区则是在传统行政村和城市社区的基础上发展形成的乡村社会生活共同体,是由村民构成并以内部自治为特征的乡村社会的基本单位。村民委员会和乡村社区的村民自治的性质是一致的,其任务都是围绕新农村建设的目标而进行的管理和相关服务。但与政府不同的是:政府主要代表统治集团的意志和更为宏观层面的大多数人的公共利益,村委会与乡村社区则代表地方村民的局部利益;同时,二者不像政府一般具有对区域空间资源的掌控与支配的权力,也无法通过经济手段对乡村建设进行运作,这便决定了村委会和乡村社区在整个乡村聚落营建过程中仅起到一种间接的作用,往往通过非政府组织的社会资源参与乡村规划等工作。它们既是政府信息政策的传递者,又是村民意愿的代言者,因此在社会民主建设不断完善的今天,村民委员会与乡村社区在公共参与模式中的作用将日益凸显。

4) 建筑师——梳理者

乡村聚落营建是一项多维主体共同参与的行为活动,作为其中重要主体之一的建筑师应清晰地定位自身在营建过程中的角色,特别要注意将思维从城市建造的固有模式中分离出来。建筑师对建造的传统认知大多从专业和技术的角度着眼,将房屋视为一般的工业化产品对待。然而,乡村聚落营建却具有区别于城市房屋建造的工业化实施方式,更多的是一种弹性的社会行为。建筑师在融入乡村建造过程中必然与系统内各要素发生互动,形成一定程度的制约与反制约,因此建筑师在此过程中的职能也应发生相应的转变。

王冬认为建筑师在乡村聚落营建中的独特性大致取决于三个方面:一是乡村建造由传统向现代转型在技术层面上的内在需求;二是建造共同体内各方的利益诉求在技术化解与支撑层面上的需求;三是建筑师自己的专业追求和社会责任[①]。那么,在乡村聚落营建过程中,建筑师首先应是传统建造方式与思想的学习者,其次要作为现代建造技术与科学理念的引领者,同时还必须成为建造过程中沟通各方主体的协调者。建筑师除本身应具备的专业素质之外,更多的应担当起一种梳理者的角色,对传统与现代、乡村与城市、技术与观念以及村民之间进行梳理都是建筑师应发挥作用的重要环节。

2.2   两种作用的方式

自组织与他组织作为一组相对的概念,是乡村聚落演进过程中两种重要的方式。"组织"是一个运动的过程,包含着系统中运动的主体与客体,也就是"组织"的施动方和受动方。协同学创始人哈肯在定义自组织概念时重点强调了系统在没有外界特定干预的条件下获得功能的过程为自组织,是系统内部作用下功能或结构的发生方式。需要注意的是,自组织的作用力虽然来自系统内部,但其发展方向却是朝着一种有序的平衡态演进,这与"无组织"的发展是完全不同的。无组织发展的动因虽然也来自系统自身,但其结果却是朝着一种无序的、不可延续的、无生命的状态发展(表2-3)。相应地,他组织的作用力则是来自系统外部,通过外力实现系统内部的功能变化。对于乡村聚落的营建而言,这两种方式是统一的,其内部和外部的作用力具体表现为自发建造和统筹规划两方面。

---

① 王冬.乡村聚落的共同建造与建筑师的融入[J].时代建筑,2007(4):16-21.

表 2-3　组织与无组织概念的区分

总概念	组织(有序、结构化)		非或无组织(无序化、混乱化)	
含义	事物朝有序、结构化方向演化的过程		事物朝无序、结构瓦解方向演化的过程	
二级概念	自组织	被组织	自无序	被无序
含义	组织力来自事物内部的组织过程	组织力来自事物外部的组织过程	非组织作用来自事物内部的无序过程	非组织作用来自外部的无序过程
典型	生命的生长	晶体、机器	生命的死亡	地震下的房屋倒塌

(资料来源:吴彤《自组织方法论研究》)

2.2.1　自组织作用下的乡村聚落

　　从传统到当代,我国大部分乡村都通过自然演进的方式形成了各具特色的乡村聚落风貌。乡土建筑之所以显现出鲜明的地域特征,与其演进过程中所在的自然环境与人文环境密切相关,各种要素相互间不断地发生作用并且经过时间的推移便形成了特定的地域风貌,这也成为乡村建筑最为深入人心的原因。在生态层面,这种通过自然演进方式形成的乡村聚落是因地制宜的,对环境有着特定的应对方式,景观生态系统保存相对完整。在传统聚落中,这体现为一种"天人合一"的生态构建观,人居环境与自然环境的共生交融创造出丰富的空间形态与宜人的空间尺度(图2-3)。在文化层面,自发形成的乡村聚落既反映了居住者真实的生活方式,又包含着根植于本土

图 2-3　广东民居的镬耳屋
(资料来源:课题组拍摄)

的地域文化,深厚底蕴使其可以在更长的时间周期内保持其地方的独特性。在建造层面,除受到文化因素的影响外,其一般还受限于所处地理的资源条件和当地的经济条件。这样,在材料的选择和施工的方式上均呈现出一种本地化和手工化倾向,不仅带来了更低的建造成本,而且建造的模式化通过口传心授的营建方式也带来了工艺上的相似和实施效率的提升。

　　当然,在当前新一轮的乡村建设中,这种仅仅依靠自组织方式演进的聚落也显现出一些潜在弊端。虽然自组织演进可以形成自然鲜明的地域特征,但其需要系统内部长期的试错、修复以达到持续稳定的状态,在以快速建造为主基调的社会背景下则表现出一定的滞后性。自发演进过程不断地接收外界信息,原有的秩序逐渐失稳,因而表现出一定的无序性。同时,由于乡村人口的迁移和产业的转型,出现了"空心村"、土地性质变更、农业用地被肆意占用等现象,从而导致了土地使用的浪费、发展不均衡以及不适应现代生活需求等现实问题。此外,虽然地域性的生成很大程度上是自组织演变的结果,但如果这一定式将系统引入一种

封闭的模式便会导致其内部主体由于开放度低而引起观念的滞后。最后,虽然地方化的建造工艺在一定程度上适应了特定背景下的生活需求,但随着时代的发展和进步,居住者已开始不满足于原有的生活质量,对现代舒适生活的渴望感与日俱增。

2.2.2　他组织作用下的乡村聚落

他组织在一定程度上弥补了自组织演进中的不足,尤其在我国城市化进程加速的大背景下有着更加突出的意义。以政府为主导的统筹规划是他组织干预乡村建设的主要手段,规划先行的模式保证了建设清晰的目的性,对于建设效率的提高有着巨大的作用。同时,公共资金的投入为乡村公共设施的建设提供了保证,使村民在家也可享受到曾经只在城市才有的文化娱乐活动。面对乡村产业转型和人口成分调整所出现的问题,类似迁村并点等政策的实施保证了土地利用的最大化,进而协调现代社会经济发展与传统乡村聚落空间之间存在的矛盾。通过社会核心价值观的引导使村民逐步与时代接轨,削弱城乡二元结构下的认知信息传播的不均衡性。更重要的是,现代化技术向乡村的渗透带来了建造工艺的标准化,可以更好地控制建造的质量和稳定性,对于处于易受到灾害威胁的地区,这点尤为重要,如抗震设防标准的提高对于保证居民生活安全性的基本要求尤为重要。同时,多种主动式生态技术的运用,如太阳能供热供电以及新型隔热材料的使用对于村民生活的舒适度有着本质的改善。

他组织对乡村聚落的发展和对村民生活的提升的诸多有益之处不可否认,但当外力过度介入系统时便会产生一系列不良的影响。这些影响甚至可能破坏掉那些曾经最为珍贵的部分,走向一种不可持续的发展道路。建设速度的加快必然造成考虑问题的简单化,多年的具有破坏性的重建方式造成了许多原本乡土特征鲜明的聚落趋于世俗平庸化,同时也带来了景观生态的退化与公共空间的缺失,以及空间布局的呆板。原本多样的空间层级逐渐被单一的尺度所代替,原本作为交往场所的区域也逐渐被诸如停车场、施工废物堆砌场等替代。建设用地的不断扩充,居住用地的不断减少使得原本美丽的田园风光开始变为城市形态的复制品。虽然资金的注入为村民提供了必要的核心公共产品,但由于对居住者真实需求理解的偏差,存在供给失衡和不足的问题,其根源在于对主体关怀的欠缺。现代化技术赋予了乡村生活更多可能性,但如果仅仅停留在对城市模式的套用便会失去乡村聚落营建的乡土灵魂。

2.2.3　共存的必然性与转化的可能性

自组织与他组织作为一组矛盾体既相互排斥又相互依存。自组织演进强调系统要素的自律性,系统要素不但对系统运转和发展有着直接的引导作用,而且要素之间的关系也受到这种规则的约束。这就决定了系统的运转基本取决于要素层面的局部行为而非系统要素以宏观角度控制系统。但这并不代表系统的演进是局部的而非整体的,相反,正是这种系统要素或是系统内部子系统的独立运转与相互联动的规则才是保证系统整体协调和稳定的关键点,是一种从多到一的思考方式。自组织的演进过程是在反复试错迭代的过程中逐渐优化完善的。反观城市规划原理其本身就是一种宏观的决策手段,目的就是要将城市或乡村的复杂空间系统囊括到一个整体的构架,通过主观介入的方式去控制系统中每一个局部和要素,是一种从一到多的思维过程,且规划的成果是片段性的。他组织实际上是建立在自组织存在的基础之上的,是自组织发展到一定阶段的产物,自然系统与社会系统的各个层次中都必然包含着这两种发展方式。

乡村聚落经过漫长的演变虽形态多样空间层次也不尽相同,但其中隐性的内在驱动力才使它在经历了时间与空间的剧变后仍可以在其发展方式、空间结构和文化传统上体现出较强的延续性。同时,在乡村聚落的发展过程中,其也不断地受到人为因素的干预,这种干预手段从最初朴素的手段发展为现在更加科学和完善的规划原理。乡村规划作为人类对乡村生活和空间形态最直接的干预手段通过间断性的方式不断地影响着乡村聚落内部演进动力的整合与重构。他组织与自组织像是一只显性的手和一只隐性的手一般左右着乡村的发展,或者说在乡村演变的过程中两种演进方式的特性始终伴随,对二者之间关系的控制和调试成为促进乡村更好发展的重要因素。一方面使外界干预手段有效地转变为自组织内部的动力促进乡村自组织合理运转;另一方面积极研究乡村发展自组织的发生机制以解析乡村规划中的核心问题,如地域性问题、生态性问题、空间构成问题等,从而形成一种新的建立在复合机制下的乡村营建策略。随着规划理论的发展,决策者和学者都意识到这种单一的、刚性的、静态的规划方式并不能适应城乡系统高速的发展,因此规划思想向着多维的、弹性的、动态的方式转变。两种演进方式的并存之所以成为一种必然,原因在于在乡村聚落演进过程中它们各自都发挥着自身的优势并且不可替代。同时,这种不可替代性还表现在如果仅仅二者其一参与系统的组织又都会存在一些问题,可以将其简要归纳为表2-4。从中可以发现往往作为自组织的优势部分恰好是他组织所反映出的问题,而他组织的优势部分又往往是自组织发展中所不能企及的地方。可见,仅仅依靠某种单一方式的发展思路不能达成优势最大化的目的。理清自组织与他组织作用下发展的积极与消极因素,有助于明确两种方式的发生机制,并且在可能的情况下使之相互转化,从而实现优势互补,最大限度地发挥各自在乡村聚落营建中的积极性,为规划提供新的思路。

表2-4 自组织与他组织的积极因素与消极因素对比分析

自组织		他组织	
积极因素	消极因素	积极因素	消极因素
顺应自然环境,地域特征鲜明	演进历时过久,生成效率过低	统筹建设效率高,公共配给较完善	破坏性重建严重,地域性特征缺失
景观生态完整,空间层级丰富	土地资源空废,发展水平不均衡	土地利用集约高效,产业发展多样化	生态景观退化,公共空间单一
生活方式传统,地域文化延续	易导致开放度低,引起观念的滞后	社会核心价值引导,适应时代变迁需求	对主体关怀欠缺,易引起信息误读
建造工艺乡土,建造成本低廉	技术标准落后,生活品质较低	建造工艺现代化,安全性舒适度提升	盲目照搬城市模式,忽视乡土营建精髓

(资料来源:笔者自制)

2.3 两种力量的博弈

自发建造与统筹规划作为自组织与他组织作用的主要动力因素,对聚落空间的结构与形态产生重要的作用。同时,由于二者发生方式的不同,在营建过程中它们分别代表了不同群体的立场,从而造成两种力量间无形的对垒。它们在乡村聚落演化过程中此消彼长,并且共同制约着聚落空间的发展方向。

2.3.1 自发建造与统筹规划的立场差异

所谓立场,是指人们认识和处理问题时所处的地位和所抱的态度,价值判断总是在一定角度下进行的,不同立场下评价标准也不同。自发建造与统筹规划虽然在实现过程中存在诸多的相似点,但其本质上却是基于不同立场的营建方式。

1) 自发建造——使用者的立场

自发建造所表现出的一切积极因素其本质在于对真实生活体验的诠释,虽然没有明确的发展方向,但其表现形式却是生动的、具有生命力的,代表了使用者的立场。基于使用者立场的营建方式,最为显著的特征就是其发生的非线性,这也直接导致了聚落形态的多样化。地理、气候、社会、文化、经济、政治等多重要素共同作用、相互叠加,其中任何要素的变动都会使整体产生反应。村民作为营建的主体,既受到外在客体因素的影响,又通过自身的认知反作用于其他要素。因此,系统内部势必会出现一定程度的偏差和失稳,即涨落。涨落概念源自自组织理论,是指由大量子系统组成的系统对平衡态的偏离。虽然涨落是偶然的、随机的、无序的,但是只要保持在一定限度之内,系统在经受轻度破坏时可以自我修复,反之,则会失去稳定或产生新的系统结构。乡村聚落由大量子系统组成,涨落贯穿于其发展的各个环节,并以此完善和调试聚落空间结构使其不断趋优。基于使用者立场的自发建造是一个动态的过程,它持续地影响着乡村聚落的营建活动,即使是在已经规划有序的村落,随着时间的推移这种影响也不可避免。

2) 统筹规划——决策者的立场

统筹规划是建立在一套可被迅速执行的生成秩序之下,其目的在于推进社会、政治、经济、文化等各要素的有序发展,具有明确的指向性,在这其中虽然也包含对人的主体性的关注,但其本质上却依旧体现了决策者的立场。基于决策者立场的统筹规划是一种来自外力的对空间发展的干预性手段,从根本上看是为了维持生活的空间秩序并对未来空间的发展情景做出判断和预测的方式。人类意识到开发必须依照生态自身秩序才能保持其持久性,因此规划成为维持发展的直接手段之一。规划的对象范围也随之不断拓展,可大到区域规划小到建筑群体的空间规划,体现在人居环境的各层面。规划的基本目的总体来看存在以下共性:①规划目的的实现均会体现在空间形态的表达上;②对人居环境、居住舒适度、生活品质的提升不断加强;③促进社会进步、经济发展的目的贯穿始终;④对生态自然的修复和社会发展的整合考虑。

以政府主导的、基于决策者立场的统筹规划在介入乡村聚落营建的过程中必须遵守自身的实现原则,包括社会发展与生态环境的共生、历史延续与现代化建设的协调、社会生活与聚落空间的融合等,从而最大限度地体现对村民主体性的关注和支持。

2.3.2　价值资源享有时权力的不对等

1)权力的解读

不同学者对权力的诠释和解读各有不同,米尔斯认为权力与人们所做的安排其生活的决定相关,并与人们决定他们那个时代构成历史的时间相关[①]。吉登斯认为权力是个体或组织为了实现某种利益的一种社会资源,认为权力不一定是强制的,而是无所不在的,是社会行动者面对资源的实施行为;福柯认为权力是一种多形态的、流动性的场与网络,具有多元性、分散性和生产性等特征;托夫勒认为权力是有目的性的支配他人的力量,其基本构成要素是暴力、财富和知识;马克思认为权力是社会关系的一种体现,即一方支配另一方的一种力量,并且其将权力分为财产权力(即所有者的权力)和政治权力(即国家的权力)[②];韦伯认为权力是一个人或一些人在社会行动中不顾参与该行为的其他人的反抗而实现自己的意志的一种能力;布劳认为权力是在不平等的交换关系中,个人或群体将其意志强加于其他人的一种能力[③]。

主体视角下权力的本质可以理解为“人为了更好地生存与发展,必须有效地建立各种社会关系,并充分地利用各种价值资源,这就需要主体对自身的价值资源和他人的价值资源进行有效的影响和制约,这就是权力的根本目的”[④]。以权力的思想解读乡村聚落演进中参与者的相互关系和发生方式,对于辨析自组织与他组织过程中主体参与的方式和特征具有重要的参考意义。

2)权力的不对等引发资源享有的失衡

乡村聚落内在的价值资源是其发展的直接依托,自然资源与文化资源作为社会的公共资源,在区域发展的语境下各社会群体为实现自身的发展诉求便会尽可能地采用各种手段争取对资源控制的权力,乡村聚落的自发性建造与统筹规划便反映了多方参与群体关于自然观与文化观的利益冲突与权力之争。

然而,城乡二元差异和现代化转型的时代背景导致了各参与群体所掌握的自然资源、经济资源、文化资源和政治资源的不平等。虽然国家赋予了民众在以上价值资源上享有平等性与合法性,但实际上由个人所组成的不同利益群体在对公共环境资源产生需求时,其所能拥有的权力是不平等的。不同参与群体之间的不平等往往会使得与当地资源关系最密切的原住民逐步成为不能参与到资源利用体系中的弱势群体,从而引起自组织与他组织发展的矛盾性。地方政府凭借其掌握的政治权力获得经济利益,但就它与地方社区以及非政府组织的互动关系而言,其国家权威性却被削弱,从而给其稳定地方秩序的政治权力带来了风

---

①　马俊亚.被牺牲的“局部”:淮北社会生态变迁研究(1680—1949)[M].北京:北京大学出版社,2011.
②　[德]卡·马克思.道德化的批评和批评化的道德:论德意志文化的历史,驳卡尔·海因岑[M]//马克思恩格斯全集:第4卷.北京:人民出版社,1972.
③　陈成文,汪希.西方社会学家眼中的“权力”[J].湖南师范大学社会科学学报,2008(5):79-80.
④　陈兴云.权力[M].长沙:湖南文艺出版社,2011.

险;以公共利益代言人身份出现的非政府组织虽未直接参与经济利益分配,但是凭借掌握的社会资源,如与媒体的友好关系、所拥有的科学知识、组织人的学术声望等,却能拥有一定的影响地方社区、地方政府和广大公众的文化权力,并通过公共话语和实践行动实现其对利益取向与文化价值观的引导;而没有或未充分接受现代教育的地方社区成为最弱的参与群体,因为贫困和缺乏现代科技知识,他们往往被认为是落后的,其对自然资源的利用方式、传统营建体系以及产业发展观等都没有最大限度地受到政府的重视,只能被动地接受外界参与群体的安排①。

2.3.3　时效性与持续性更替作用

自组织与他组织反映了自发建造与统筹建造中主体的不同立场,前者代表着使用者的立场,而后者则更多地体现着决策者的立场。由于不同群体所获得权力的不对等,以政府为主要角色的决策者群体对资源享有绝对的控制力,这一方式在当下以他组织为主导的乡村聚落营建中表现尤为显著。同时,决策者通过政策的制定从而达到约束使用者行为的目的,并且可以通过法律的方式强化这一权力的实现,但在实现过程中会产生一定的时效性,自发建造的出现就是有力的证明,这体现了他组织中决策者权力的时效性。然而,在这一过程中使用者也并非完全精准地依照决策者的意图完成行为,而是结合固有的价值观念和实际的生活需求对"指令"进行调整和修复,从而实现对生活资源的影响和制约。这一行使权力的方式虽然是微弱的,但却是日常的,具有强烈的持续性。

两种发展方式中不同群体的权力实现形成了鲜明的对比,自组织中使用者的权力虽然表现为弱势的,但却是持续的;而他组织中决策者权力虽然表现为强势的,但有时具有时效性。实际中这种权力的差异直接影响了乡村聚落的空间风貌。一方面,使用者权力的行使直接表现在对自宅和周边景观环境的加建、改造,由于权力范围和力度的有限性,营建成果呈现出一种相对"临时"的形态(图2-4),但这种权力的持续作用又使得这种"临时"的形态逐渐转化为一种"永久"的普遍存在;另一方面,决策者权力的作用主要体现在乡村规划和整体风貌的统一营建方面,由于其巨大的控制力和对使用者立场的忽视,对自发建造形成的看似杂乱落后的风貌实施了推倒重建的更新方式,即使是原本在漫长演进中形成的"永久"形态也可能被视为一种"临时"的状态而被破坏,建成基于决策者立场的"新农村"(图2-5)。但由于这种权力的时效性,从长期来看使用者权力的介入仍不可避免。

随着思想的进步,人们开始逐渐意识到传统单一的模式化的规划思想不能在更长的周期内与系统内在的生成机制相协调,进而呈现出一些新的转变:①由单向思维向复合思想的转变;②由理想化和静态的规划理念向动态过程的转变;③由刚性规划思想向弹性规划思想的转变;④由指令性规划思想向引导性思想的转变②。这些转变不仅反映了更加成熟的规划策略,而且也从侧面体现了统筹规划单一体系的局限性。其表现在以下几个方面:首先,以外力为主要作用形式的统筹规划虽然可以迅速地构建起空间的发展框架,但具有强烈的

---

① 郑寒.自然·文化·权力:对漫湾大坝及大坝之争的人类学考察[M].北京:知识产权出版社,2012.
② 李德华.城市规划原理[M].3版.北京:中国建筑工业出版社,2001.

图 2-4　乡村营建的临时性

（资料来源：课题组拍摄）

图 2-5　决策者立场影响下的新农村

（资料来源：课题组拍摄）

时效性;其次,短期规划的修补和调整虽然在一定程度上缓解了由于时效性带来的与发展的不同步,但仍处于一种对发展的不确定性的被动应对;最后,自发建造的持续性作用必然导致涨落现象的发生,两种力量的更替作用客观上需要规划思想变得更富弹性,同时也是乡村营建中不同群体的主体性的直接体现。

2.4　村民主体立场的明确

2.4.1　关于乡村——是村民生活的家园,而不是政治运动的试验场

对待乡村的态度决定了乡村本身的意义。对于决策者而言,将乡村视为一种有机的生命体,或是一种实现个体意愿的工具,将直接影响最终目标的达成。

乡村风貌的形成是区域特定要素和村民认知不断演进的结果,承载着地域的场所精神与环境意义,形态的固化并非有意为之而是水到渠成的客观体现。然而,在政绩效应的驱使之下,以及对于形式的片面理解,许多时候这种显现表征的易读性却变成了一种"速成"的表达手段,一种脱离了历史与环境的孤立而空洞的符号。北京曾经开展过多次"城市美化运动",大屋顶形式成为当时改建、新建的重要标准之一。虽然也出现了一些精品建筑,但总体上看,通过符号的复制传达对传统的继承不仅趋于形式化,而且也带来了建造成本的提升。这种现象在乡村范围内也有愈演愈烈的趋势,一些地区将"美丽乡村"的建设披上了形式主义的外衣,过度地关注所谓的地方特色,甚至只去重视那些最易被观察到的位置,如仅对沿路的墙面进行粉饰,这种接近极端的方式将"面子工程"的含义诠释得丝丝入扣(图 2-6)。很显然,此类现象是在"构建地域文化,打造地方特色"的旗帜下发生,却仅仅满足了部分决策者的个人意志,本质上是对地域符号的消费而非尊重,更谈不上对村民生活家园的关怀。乡村营建中形象工程的层出不穷,不仅无法带来乡村价值的真实还原,而且也无法表达乡村生活

图 2-6　新农村建设中的"面子工程"

(资料来源:课题组拍摄)

固有的文化内涵。"文化"一词曾被美国人类学家 C.吉尔兹这样定义:"人类为了传达关于生活的知识和态度,使之得到传承和发展而使用的、以象征符形式来表现的继承性的观念体系。"地域文化虽然通过象征的方式予以表达,但这一过程强调的是人的认知是主动摄取而非被动接受外界信息,是人的情感和需求外现的过程,不仅是一种象征符,更是一种生活的标记。

另外,决策者在参与和引导乡村营建的过程中,虽然已经不再将视野仅仅局限于形象化的表面工程,更加重视与乡村生活联系紧密的产业、经济、生态等各方面因素,并且在此过程中制定了明确的发展目标和具体的量化指标,但却有可能转化为一种"跃进式"的发展方式。"一村一品""一村一形象""目标年产值过亿"等这般口号的提出,大有将乡村建设转变为一种政绩赛跑的趋势。贪大求洋、急功近利的政策导向,使得一些地方的新农村建设出现乱占耕地、大办村户企业的现象。"村村点火,户户冒烟"的生产发展方式反映出一种过于急切的功利行为。然而,现代乡村、美丽乡村的建设并非一朝一夕之事,需要将步伐逐渐调慢、调稳,尽量减少因发展而产生的副作用,将其作为村民的生活家园去对待,而不是政治运动的试验场。

2.4.2　关于营建——是村民的权益体现,而不是建筑师的自我实现

乡村聚落的营建活动在由自发到自觉的演进过程中,促使了其中一些要素的模式化,并逐渐形成了所谓的"传统"。提及"传统"总会伴随着一些相关词语,如"乡土的""历史的""文化的"以及"符号的"等,于是这些词汇便自然地与乡村的特征联系在一起,尤其在具体工程实践中这似乎成了表达乡土内涵的唯一途径。虽然在乡村聚落地域文化普遍缺失的时代,建筑师不得不追溯历史寻求某种根基并将其作为创作的依据,但如果进而发展为一种对传统的刻意表达便会走向误区,以至于迷失营建的真实性,甚至成为建筑师个人情怀的主观表达。

在乡村营建过程中村民与其他参与者之间的差异性也影响了村民权益的体现。一方面,由于作为乡村居住者的村民与作为设计者的建筑师在认知方式上存在很大分歧,二者在融入乡村营建过程时必然形成一定程度的制约与反制约。对于乡土特征鲜明的地域性,如使用当地原生材料建造的房屋和装饰,在村民看来是落后的,需要用更加现代化的方式来建造;对于场所,在村民看来其仅仅体现生活与生产的服务功能,而建筑师却从趣味性、交往性以及体验性等方面进行诠释;对于建筑的形态,村民会通过"像什么"来定义建筑的意义,而建筑师则可能通过更加深层的理念诠释其含义;在自发建造与专业设计建造的对比中,不难发现村民对空间的回应更多的是以生活便利为目的,在建造中呈现出很大的随意性,而建筑师则能通过自身的专业技术经过深入推敲而确定建造方案。同时,村民与建筑师在认知方式上的差异还体现在二者对于自身的定位和审视:村民虽然是乡村的生活主体,但对自身的认识却是模糊的;而建筑师虽然是乡村生活的场外人员,但却有着非常明确的目的性和十分清晰的自我审视(表 2-5)。对于建筑师而言,其应利用自身所掌握的专业技能和话语权,弱化这种差异的扩大,而不是完全采用对村民校正差异的方式。尤其是在经历了严重的文化断层后的时代,应从一种自省和辩证的角度去思考主观理想与真实生活之间的取舍。

表 2-5　村民与建筑师认知的差异

认知方面	村民的认知	建筑师的认知
如何理解乡土	落后的、需要更新的	有价值的、需要保护的
如何看待场所	服务于生活和生产需求的	趣味的、交往的、体验的
如何考虑形式	表象的、基于形式联想的	深层的、表达理念意义的
如何回应空间	出于生活便利的、随意的	经过深思熟虑的、推敲的
如何审视自身	"模糊的"	"清晰的"

（资料来源：笔者自制）

　　另一方面，使用者与决策者之间立场的差异导致他们在乡村聚落营建方式以及对目标的达成方面的差异性。建筑师在融入乡村营建的过程中应承担起梳理与协调这种差异性的角色，力图站在相对客观的立场上重视村民主体性，但又不一味地夸大其现实意义。主体语境下营建策略的形成并非无条件地满足村民的各类需求，事无巨细，而是在明确营建立场的基础上给予倾向性的支持。并且，应该充分肯定他组织对聚落发展的积极意义，以其作为营建的必要条件，通过对使用者立场的分析和融入有助于抑制他组织消极影响的发生。关注传统聚落营建中的生态机制，挖掘社会文化的营造机制，从平常的生活现象中提取乡土的精神，进而切实提升村民的基本生活权益。

2.4.3　关于村民——是乡村的核心主体，而不是被牺牲的局部

　　乡村聚落演进过程中村民一直作为主体角色存在，并在营建中发挥着重要的作用，他们既是房屋的使用者、建造者，又是乡村生活的规范者与管理者。"建造"对于乡村而言不仅作为一种经济活动，更是一种社会行为。然而，主体角色的重要性却并未体现在主体意识的表达上。所谓主体意识是指个体对于自身定位、能力和价值观的一种自觉性①。从全国乡村现状来看，村民的主体意识整体还处于相对较低的水平，在乡村营建和治理方面习惯于依赖权威和高层，主观上将自身置于一种跟随者的位置。正因为如此，介入者也便自然地将自身定位于一种展现权力或控制的角色。即便决策者在思考或操作中仍然将村民的主体性置于问题的核心部分，但实际上这种他者化的主体性所包含的自觉意识已经在无形中被削弱了。所谓的村民主体性实际上已经成为决策者以及其他参与者在操作行为中的客体。换而言之，由于村民与决策者之间权力的不对等，使得村民主体性的体现更多地依赖于外界的给予和控制，这就意味着村民已然成为与自然、生态、社会、文化等并列的一系列客体要素，成为营建活动的指向对象，而非乡村的主体。在一过程中，实际的主体变为了参与乡村营建的介入者，而作为真正主体的村民却已被边缘化。这似乎成为一种悖论，因为如此看来介入者似乎无法建立一套基于村民主体认知的实施方式。实则不然，产生这一问题的原因在于村民主体意识的缺失和依赖心态，以及随之而来的介入者控制力的扩张。实践中可以通过提高村民参与营建的程度、鼓励发展协同共建的方式使之缓解，但这并不是本质上的。村民和介

---

　　①　李新.村民自治中农民主体意识的培养[D].哈尔滨：哈尔滨师范大学,2011.

入者在乡村营建活动中共同存在的绝对性决定了二者差异共存的必然性,因此不可避免涉及对差异的理解和把握。

此外,还存在另一种更为隐蔽的对村民主体性忽视的现象,并且在传统聚落中体现得更为明显,具体表现为更加关注乡村文化所体现的历史意义而非现实意义,仅将初始建造者和使用者赋予环境的意义纳入研究范围,而对当下的使用主体视而不见。产生这一现象的原因在于,当下村民出于自身生活的便利对环境盲目改造,在一定程度上破坏了传统乡村的风貌价值,并且呈现出一种杂乱的特征,而建筑师则将这一特征作为一种落后的符号予以对待,因此从主观层面表现出对现今居住者行为的排斥与对初始建造者和使用者所创造的"传统"的怀念。这种对历史意义的过于关注,实际上是仅仅将初始建造者与使用者的主体性作为关注范畴,而牺牲了之后的改造者与使用者尤其是现今的使用者的主体性,将他们的认知结果和赋予环境的意义排除在研究范围之外,将某一历史片段中的使用者所认知并赋予意义的"彼时"的客体作为一种资源截取下来,将一个时空切片贴上某个"文化"的标签,对于乡村聚落的营建而言这种态度显然是不合时宜的[①]。

乡土建筑不同于官式建筑对纪念与象征意义的推崇,其更多地承载了一种居住者对生活的认知,因此对于乡村聚落的营建而言不应是简单地追求差异化或历史传承的过程,也不是将最终目的停留于形而上的层面,而是应该明确乡村所依托的主体,把握住那些最为真实可靠的与居住者息息相关的生活空间。其中不仅应包含初始的建造者和使用者,更应包含仍生活在乡村中并且发挥意义的真实的村民。以传统为根基关注当下触手可及的现象和事物应是乡村聚落营建的适宜方式。因此,参与乡村营建的人员需要将思维从自上而下的模式中脱离出来,在主体语境下对乡村营建进行解读,真正地将村民置于乡村营建的重要位置,而不是通过牺牲村民群体的权益,去满足场外特定群体自身的局部利益。村民作为乡村的核心主体这一基本事实,在任何时候、任何情况下都是不能被忽视的。

2.5　本章小结

乡村的本意在于其社会空间的集合所体现的与自然、生活的基本依存关系。在漫长的演进过程中,乡村聚落空间要素不断地从简单变为复杂,原本混沌的状态逐渐向更加秩序的方向转变,营建行为也由自发向自觉推进。乡村建设的参与者们共同影响着其发展方式,自组织与他组织作为乡村聚落的两种作用方式始终共存并且各具利弊,同时又存在相互转化的可能。实际上这两种方式体现的是村民与决策者之间力量的博弈,代表了不同的立场。虽然村民在这种力量的博弈中处于相对弱势的地位,但是相对于外部力量的时效性,村民对乡村的作用是具有持续性的,以自发的方式始终改变着乡村的风貌;而且,村民作为乡村生活的主体本应享有更多的对本土资源的支配权。基于以上两点考虑,明确了将村民主体性置于重要位置的研究立场。

---

①　陈淳,周浩明.传统街区建成环境意义的再思考——以使用者为认识主体的研究方法的提出[J].建筑师,2005 (5):5-8.

3 主体认知视角下乡村聚落营建研究的理论基础

上文已明确了乡村聚落营建中村民的主体立场及其重要性,结合当前乡村聚落研究在本学科专业性弱化、理论性局限以及主体性误读等方面存在的不同程度的不足,以主体认知为视角的乡村聚落营建研究必须首先明确几个问题:

(1) 主体是如何认知的?

(2) 主体认知如何转化为群体的营建行为?

(3) 营建过程中主体之间的信息是如何传递的?

(4) 营建过程中主体认知如何与乡村聚落建立关联?

进一步思考,可以将以上问题提炼为研究的四个层面:认知的发展框架、认知的演化动力、认知的交互途径、认知的物化基础。它们涵盖了从主体认知向乡村营建转化的核心环节,也应该成为研究体系建构的重要关注点。本章通过跨学科的研究方式,立足乡村聚落营建的空间本体,借鉴了认知发展理论、协同学、传播学、文化地理学以及环境心理学等相关理论的核心概念,力图有针对性地建立主体认知视角下乡村聚落营建研究的理论架构,完成由问题到方法的转化。(图 3-1)

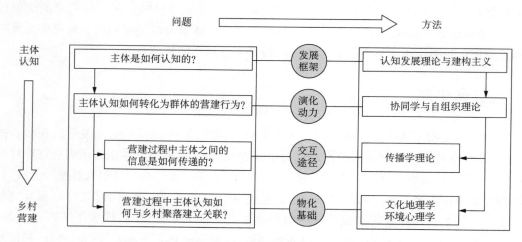

图 3-1 主体认知视角下乡村聚落营建研究的理论框架

(资料来源:笔者自绘)

3.1 认知的发展框架——认知发展理论

为了回答主体是如何认知的问题,必须首先建立认知的发展框架,进而把握村民认知发展的逻辑过程。认知发展理论提供了解决这一问题的基本思路,通过理论的借鉴有助于填补现有研究中对认知本体层面涉及的不足。

3.1.1　建构主义与认知发展理论

建构主义(constructivism)并非弗兰普顿所提出的"建构(tectonic)"的概念,建筑学范畴内的"建构"旨在将建筑视为一种建造的技艺,是介于技术与艺术之间的载体。而建构主义则来源于瑞士心理学家皮亚杰的认知发展理论,皮亚杰将儿童对新事物的感知和学习视为一种与环境相互作用的过程,通过与环境的不断交互建构自身的认知结构从而实现学习的过程。

建构主义理论是对结构主义思想批判的集成。结构主义思想虽然在推进系统论和哲学发展中起到了十分重要的作用,对建筑规划领域的影响也举足轻重,无论凯文·林奇的《城市意象》中提出的城市五要素,还是亚历山大倡导的半网格型城市结构都深受结构主义思潮的影响,但这一思潮本身却存在着局限性。由于结构主义将整体和联系视为研究系统的核心因而忽视了单体和人的主观意识作用,将人的自主自觉性掩盖到结构的背后;另外,结构主义虽然明确了共时性与历时性的对立关系,但从其思想过程上看明显更加关注共时性思考,认为形式是历时性的、在不断变化的非恒定因素,而结构是永恒不变的,这种静态的思考态度忽略了时间对事物发生发展的客观影响。正因为这些局限性的存在,之后出现了对其进行批判的思潮——后结构主义,建构主义便属于这一范畴。

认知发展理论(cognitive-developmental theory)作为建构主义的发源地被公认为 20 世纪发展心理学上最权威的理论。所谓认知发展是指个体在适应环境的活动中对事物的认知及面对问题情境时的思维方式与能力表现。这一理论的发展虽然深受结构主义思潮的影响,但对其局限性在方法上进行了批判。认知发展理论强调对主体性的关注。首先,皮亚杰认为学习的主体性是自身认知构建的基础,主体基于原有经验主动地建构新的认知框架,其中包括结构性的和非结构性的知识,而非通过外界赋予;其次,学习过程需要必要的辅导与协助,结合个体自身的知识结构,从而形成认知图式;另外,在注重主体性的同时还应关注情境性,注重环境对主体认知结构扩充的影响;认知内容是围绕关键概念而形成的网络结构。对学习主体性的关注是一种自下而上的认知方式,建构主义通过一种引导性的协助方式促使学习者建构起事物发生发展的内在规律,认识事物之间的关联,形成大脑中的图式,这是一种复合机制的认知建构过程。

3.1.2　图式、同化与调节

认知发展理论包含三个基本的也是最为核心的概念:图式、同化与调节。这三个概念的提出有效地揭示了主体认知发生的机制和发展的规律。

1) 图式

"图式"(schema)(也可译为"格局")是认知发展理论的核心概念。这一最早由康德提出的概念,在不同的研究领域中具有不同的内涵,但其核心含义是指一种稳固的深层认知架构。皮亚杰认为认知的发展是个体与环境不断地相互作用的一种建构过程,其内部的心理结构是不断变化的,所谓图式正是人们为了应付某一特定情境而产生的认知结构,是一个有组织的、可重复的行为或思维模式。这种结构在适应新环境的过程中不断变化完善①。

乡村聚落中村民在长期生活中所形成的关于营建活动的认知图式是村民认知世界的一种普遍形式,建筑作为经验世界的直观对象不可避免地要受到建造者认知图式的影响,建造者的认知图式决定了建造者在建造过程中以何种方式来认知与解读,并且通过形式语言将其自发地显现出来②。认知图式是主体在与外界包括自然和社会相互作用的过程中所形成的一种具有一定概括性、稳定性和可重复性的整体认识和经验结构③。因此,它不仅可以指导村民营建活动的实施,而且还有助于设计者了解原有的营建方式进而促进聚落空间的再创造。

2) 同化与调节

这种与环境的交互过程具体看来可以分为两种形式:同化(assimilation)与调节(accommodation)(有学者称之为同化与顺应,本书称法源自皮亚杰《发生认识论原理》的中译本)。同化就是个体在应对环境时将新元素纳入已有的图式中,是一种个体对外界刺激的应对,如同人体将食物变为养分和能量一样。同化可分为三个层面:物质层面,把环境的成分作为养料同化于体内的形式;行为层面,把自己的行为加以组织;思想层面,把经验的内容同化为自己的思想形式。应该注意的是,同化并不能改变个体自身的图式性质,只是扩充图式中元素的数量,因此起不到创新的作用。调节则不同,是通过整合与重构使原有图式的性质发生改变从而达到适应外部环境刺激的作用,能完成同化所无法应对的情况。个体通过"同化"使图式的要素发生量变,通过"调节"使其发生质变,二者共同作用从而促使认知结构可以不断适应环境的新信息。皮亚杰认为同化与调节是图式与外部环境动态平衡的过程,是认知图式发展的本质。当个体通过原有图式同化新环境时处于一种平衡态,当原有图式不能满足同化的要求时这种平衡被打破,图式开始通过调节重新建立或更新以便达到新的平衡,并在"平衡—不平衡—新的平衡"的循环中得到不断的丰富、提高和发展④。

3.1.3　认知发展的框架建立

通过对认知发展理论中图式、同化与调节概念的借鉴可以初步构建出乡村聚落中村民主体认知的发展框架,从而为形成村民主体认知视野下的营建策略奠定基础。

村民主体认知在形成之初不断地受到外界各种因素的影响,包括社会、政治、经济、文化、地理、气候等多方面的综合作用,在此过程中逐渐形成一种相对稳定的并且可重复的认知结构,即村民主体认知图式。认知图式的存在使得村民在面对新环境时,不断地以此作为基点解释环境中的新要素。在这些影响因素当中总有一部分是完全可以通过原有认知图式解释的,此时认知的"同化"作用将这部分新成分纳入原有的认知图式当中,并成为相对固定的认知图式,如在乡村营建中应对自然的生态智慧以及乡土社会的交往秩序和伦理习俗等

---

① ［瑞士］皮亚杰.发生认识论原理［M］.王宪钿,等译.北京:商务印书馆,1981.
② 单军,铁雷.云南藏族民居空间图式研究［J］.住区,2011(6):117.
③ 章光日.信息时代人类生活空间图式研究［J］.城市规划,2005(10):29-30.
④ ［瑞士］皮亚杰.发生认识论原理［M］.王宪钿,等译.北京:商务印书馆,1981.

方面都体现了村民传统认知的延续。而另一部分因素由于受到时代的变迁、技术的飞跃等影响不能被已有的认知图式所解释,此时认知的"调节"作用使得认知图式发生质变以应对这种外界的变化,形成一种相对可变的认知图式。在认知的发展过程中,这两种认知图式(固定的与可变的)共同构成了新的认知图式,成为村民应对未来环境的基础。因此,对村民主体认知的研究必然包括两方面因素:一方面,应挖掘和提炼村民认知中相对固定的部分,使这种传统的认知方式得以延续;另一方面,应分析认知中相对易变的部分,对其变更动因进行预判和把握,对正面的积极的部分给予鼓励,而对负面的消极的部分给予正向的引导。通过对这两方面的整合与梳理,最终实现通过对村民主体认知的研究使其在新一轮的乡村聚落营建中发挥应有的作用和意义(图3-2)。

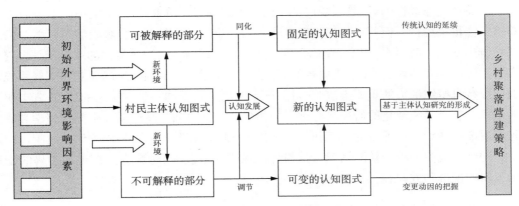

图3-2　村民主体认知发展的逻辑解析

(资料来源:笔者自绘)

3.2　认知的演化动力——协同学

在乡村聚落演进的过程中,村民始终置身于一种复杂的外部环境,其中多种因素共同影响着主体认知的演变。但无论系统的复杂程度如何提升、认知本身的可变因素如何多样,村民的营建行为总会沿着一种相对稳定和秩序的方向发展,其原因可以通过自组织理论中的协同学加以阐释。

3.2.1　自组织理论与协同学

自组织理论作为系统论的一个分支出现于20世纪60年代后期,主要对复杂系统的形成、发展、演变等问题做出规律性判断,如社会系统、生态系统、生命系统等的演进规律和生成机制,以及对在何种条件下产生何种秩序等问题进行解析。作为一门新兴的学科,虽然开始的时间较晚,但它的出现为研究者提供了一个全新的思考视角,并在各个领域得到广泛应用。建筑及城市规划领域的学者也逐渐地意识到了自组织理论对研究复杂开放系统的内在优势,并将其运用于城市层面。以色列特拉维夫大学地理与人文环境系学者波图戈里发表了名为《自组织与城市》的理论专著,文中阐明了城市作为自组织系统的机制和原理,为城市的研究提供了一种革命性的思路。此后基于此理论成果,自组织规划的思想也随之而生。我国开展自组织理论研究的时间更短,研究方向主要集中在两方面:自组织理论在城市演进中的研究,以及自组织与规划契合方面的研究。研究大多基于宏观层面对城市空间进行分析和归纳,虽然具有一定的实践性,但可操作性相对较弱。

自组织理论的内核可以完全由耗散结构理论和协同学给出①。普利高津提出的耗散结构理论描述了热力学系统在远离平衡态时,当参数达到一定阈值时会形成新的稳定结构,即耗散结构。这一理论之精要在于明确耗散结构发生的条件:一是系统必须是开放的,即系统必须与外界进行物质、能量的交换;二是系统必须是远离平衡状态的,系统中物质、能量流和热力学的关系是非线性的;三是系统内部不同元素之间存在着非线性的相互作用,并且需要不断输入能量来维持。但其对如何走向有序的内在机制并未解释②。协同学与耗散结构理论几乎诞生于同一时间,由德国物理学家哈肯创立。所谓协同,按照哈肯的观点就是系统中诸多子系统的相互协调、合作的集体行为,是系统整体相关性的内在反映。它是解释系统自身如何保持自组织活力的重要方法,在自组织方法论中处于动力学方法论的地位,其中所使用的基本概念对系统演化的研究具有重要的指导意义。协同学从起初产生的物理学和热力学领域逐渐扩展到一切开放的、运动的、无干扰系统的研究范畴。自组织理论中所阐述的现象及原理已经成为一种全新的认识事物和解析规律的手段,同时也为建筑规划学科的发展提供了新的视野和方向。

3.2.2 竞争、协同、序参量

1)竞争与协同

协同学认为自组织系统演化的动力来自系统内部的两种相互作用:竞争与协同。竞争是系统演化的最活跃的因素,只要系统内部或系统之间存在差异,就会有竞争。再加上系统诸要素或不同系统间对外部环境和条件的适应与反应不同,获取物质、能量、信息的水平也存在差异,因而必定存在和造成竞争。从开放系统演化的角度看,竞争一方面造就了系统远离平衡态的自组织演化条件,另一方面推动了系统向有序结构的演化。协同是系统竞争后期自组织演化的一种表现,使得系统保持和具有整体性、稳定性的因素。在系统发展演化过程之中,竞争和协同相互作用,二者此消彼长从而达成系统"稳定—失稳—稳定"的循环,并最终促成秩序的形成。

2)序参量

序参量是协同学的核心概念,最早是由物理学家朗道为描述连续相变而引入的一个概念。后来哈肯借用它成为处理自组织问题的一般依据。不论什么系统,如果某个参量在系统演化过程中从无到有的变化,并且能够指示出新结构的形成,反映新结构的有序程度,它就是序参量。序参量是大量子系统集体运动的有序程度的宏观参量,并且一旦形成后又会对子系统的

---

① 吴彤.自组织方法论研究[M].北京:清华大学出版社,2001.

② 曾国屏.自组织的自然观[M].北京:北京大学出版社,1996:70-76.

发展演进起到支配作用。系统演化过程中序参量往往不止一个,并且它们之间也存在竞争和协同的作用。这一过程中最终少数几个序参量取得主导地位,促进系统向高级演化①。

"我们可以将协同学所阐释的各种原理理解为一种认识世界的客观法则,一种较为普遍适用的、揭示世界万物运作状况的规律。"②因此,该理论在探索乡村营建方法的过程中,不仅仅是对其物理表象的研究,更是对其机制的剖析。

3.2.3　认知演化的动力特性

在认知演化的过程中村民不断地受到外部信息的作用,涌入的大量信息在主体认知内部经过竞争与协同会最终形成几个占有支配地位的作用源,可以将其视为认知演化中的序参量。序参量一旦形成便会对后续认知的演化起到推动的作用,不同的序参量所呈现的动力特性也不相同。

乡村聚落由多个子系统构成,可将其归纳为三类:生态自然系统、社会人文系统以及在前两者影响下形成的空间系统。各个子系统在与村民认知交互的过程中,内部的序参量促使主体认知图式逐渐类型化,分别形成生态认知图式、社会认知图式和空间认知图式。三者在乡村聚落的发展过程中发挥着各自的动力特性,制约着聚落空间形态的生成、演变甚至跃升。它们一同构成了村民主体完整的认知结构,并且在后续的乡村聚落营建过程中持续作用(图3-3)。同时,每个子系统内部的序参量一般不唯一,并且在不同的发展阶段它们的动力特性此消彼长。因此,研究需以一种发展的视野,注重情境的特殊性,以确保认知的真实还原。

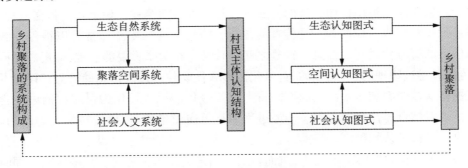

图3-3　村民主体认知结构

(资料来源:笔者自绘)

需要明确的是,虽然不同的认知图式在融入乡村营建中所发挥的作用各异,但实际上由于各个子系统之间存在十分紧密的关联,主体认知在引导行动时也是相互融合的。因此,类别划分和序参量提炼的目的不是将其孤立为一种僵化的影响因子,而在于理清不同认知图式在乡村聚落营建中各自的侧重,以及明确不同营建层级之间的相互关联,以一种结构的视角进行剖析为营建策略的整合提供依据。

①　吴彤.自组织方法论研究[M].北京:清华大学出版社,2001.

②　綦伟琦.城市设计与自组织的契合[D].上海:同济大学,2006.

3.3　认知的交互途径——传播学

村民的社会属性决定了日常交往中认知交互的发生，这种交互不仅可以发生在同一时期，也可以发生于不同时期之间。信息的传播使得个体的、局部的行为进而演化为群体的、整体的共识，使得历史的、传统的特征得以延续至今。为解释这一现象和机制性问题需引入传播学的相关概念。

3.3.1　传播学

传播学是研究人类一切传播行为和传播过程发生、发展的规律以及传播与人和社会的关系的学问，是研究社会信息系统及其运行规律的科学。传播学研究的重点是人与人之间信息传播过程、手段、媒介，传递速度与效度，目的与控制，也包括如何凭借传播的作用而建立一定的关系。简言之，传播学是研究人类如何进行社会信息交流的学科。传播需要基于一定的社会关系，"传播（communication）和社区（community）有共同的词根，并非偶然，没有传播，就不会有社区；没有社区，就不会有传播"①。传播是具有社会属性的动态过程。

3.3.2　传播要素——传播者、受传者、信息、媒介

传播是主体认知交互和作用的主要方式，也是主体完成信息交换促使地域文化生成的社会活动。完整的传播过程包括四个要素：传播者、受传者、信息和媒介②。

它们根据不同的情境按照一定的方式形成相应的传播模式。信息作为传播过程的核心部分需通过媒介完成由传播者至受传者的传递。信息传递的媒介通常是以符号为载体的，可译为信息的符号化过程。信息与符号之间的转换存在两个重要的过程：编码和译码。"编码"是传播者通过物理的、可感知的、符号化的形式使受传者接收信息的行为；"译码"则是受传者依据自身接受力和认知方式的不同将上述符号化的形式转化为可理解的内在含义，译码是受传者对信息再诠释的过程。传播过程不是单向简单的，传播者对信息编码的能力一方面取决于其自身认知程度，另一方面也受制于所处大环境和信息媒介，这样就需要传播者首先具备对媒介信息"转译"的能力，进而再实现信息的编码完成对信息的发送。同时，受传者也并非静止的，而会在新一轮的传播过程中转换角色成为传播者（图3-4）。传播作为一

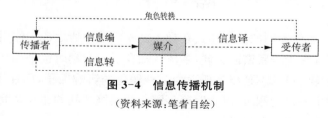

图3-4　信息传播机制

（资料来源：笔者自绘）

①　［美］威尔伯·施拉姆，威廉·波特.传播学概论［M］.陈亮，周立方，李启，等译.北京：新华出版社，1984：68.
②　李晓峰.乡土建筑：跨学科研究理论与方法［M］.北京：中国建筑工业出版社，2005：1-14.

种社会行为具有从抽象到具象再由具象转换为抽象的双向特征。通过对传播过程中四类因素的研究,不但可以理解认知的转变机制,而且也使得改善和优化传播结果成为可能。

3.3.3　认知交换的传播机制

认知信息传播活动在一定层面上展现了乡村聚落风貌的演进过程。可以这样理解:当最初的客观制约因素被认知主体所接受并成为特定信息时,传播者便通过建筑的具体形态向受传者传递关于生存、生产、生活等认知信息,同时受传者也将其逐渐作为自身认知建筑的方式,此时地域性便逐渐形成。乡村聚落地域性一旦形成,其本身作为一种建成环境将向外部输出多维度的信息,包括关于环境的、社会的、文化的、历史的等。传统乡村聚落建造过程中建造者与居住者往往不是分离的,换言之,传播者与受传者在一定程度上存在于同一主体族群,再加上传统传播媒介的限制,这种封闭的自循环方式使得地域性可以自然、完整地被保存下来。但这并不表示乡村聚落地域性是一成不变的。一旦外界传播者不断介入,引入新的认知信息,这种自循环的传播模式便被打破,尤其是在当下信息媒介高速递进的时代,地域性的变更也将成为必然。因此,作为新时期乡村聚落的传播者(设计者、建造者和决策者),其不仅应是信息的编码者,还应在原有建成环境的基础上成为信息的转译者,结合自身的认知方式和以居住者主体认知为基础,通过协同编码的方式创造新的建成环境(图3-5)。

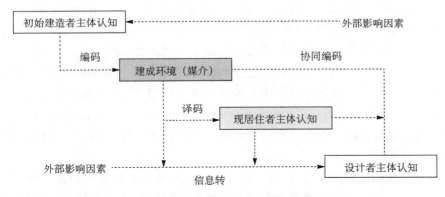

图3-5　乡村聚落硬件中认知的传播

(资料来源:笔者自绘)

可见在此循环过程中建成环境是目标,而居住者主体认知则是完成目标的核心环节。建成环境具有媒介特征,是乡土文化的载体,如此便赋予了传播者新的使命,不仅要具备独立思考环境与参与建造的能力,而且也应具备对建成环境所承载的信息的有效解释能力。通过对环境信息的转译使得居住者能够更加直接、自然地接收信息并完成译码。其中设计者、建造者和决策者作为乡村聚落建筑环境营造的直接传播者,很大程度上决定了建筑的使用功能和空间形式,而其他与之有关的商人、移民以及乡村内部组织作为信息的间接传播者也对乡村聚落地域性的演进产生着不可忽视的影响。各方认知主体通过信息的交换和相互制约使得地域文化特征得以继承和演变,这个过程可以是缓慢的,也可以是突发的,可以是线性可预见的,也可能与之相反。虽然地域文化的形成是复杂的过程,但并非是不可知论,洞悉问题的核心在于理解认知信息的传播因子及其变更机制。

3.4 认知的物化基础——文化地理学与环境心理学

关于村民主体认知研究的最终目的在于指导乡村聚落的营建实施,因此,建立认知与物质存在之间的关系尤为重要。文化地理学与环境心理学为人的行为、心理与外部环境之间关联的建立提供了理论基础。

3.4.1 文化地理学与环境心理学阐释

文化地理学是研究人类文化空间组合的一门人文地理分支学科。它研究地表各种文化现象的分布、空间组合及发展演化规律,以及有关文化景观、文化的起源和传播、文化与生态环境的关系、环境的文化评价等方面的内容。文化地理学的研究旨在探讨各地区人类社会的文化定型活动、人们对景观的开发利用和影响、人类文化在改变生态环境过程中所起的作用,以及该地区区域特性的文化继承性,也就是研究人类文化活动的空间变化[①]。同时,文化地理学还关注文化的形成与自然环境的动态关联,认为地理对文化的形成有重要影响,例如江南的山水环境造就了山水文化,而缺少耕地的游牧民族则逐渐演化出一种游牧文化。

环境心理学是研究环境与人的心理和行为之间关系的一个应用社会心理学领域,自然环境和社会环境是统一的,都对行为发生重要影响[②]。普罗夏斯基(Proshansky)认为:"环境心理学是一门研究人和他们所处环境之间的相互作用和关系的学科。"他指出每一个自然环境同时也是一个社会环境,有时难以把这两方面割裂开来。但是,我们仍然可以从环境与个体的关系中加以辨析。自然环境作用于人的躯体,决定人对环境的适应方式,是一种直接的影响;社会环境作用于人的心理和行为,是一种间接的影响,它包括社会经济的发展水平、地域观念、社会文化、人际关系等。人们在特定的社会环境中生产和生活,社会环境对个体的活动起着调节作用。

文化地理学与环境心理学均为学科交叉的产物,虽然二者的研究对象均着眼于环境与人的相互关系。但从研究视角来看文化地理学更加关注宏观与中观层面的人地关系,在认知层面也更加趋向群体文化价值的展现。而环境心理学则相对更加偏重对微观与中观层面的个体认知与行为活动的关注。因此,将二者整合在一定程度上体现了互补性,有助于论述、解释的完整性。

3.4.2 认知与环境的关联——地方感、地方认同、地方依恋

人们在与环境的交互过程中,不断地将自身的需求意识、价值观念以及行为方式等因素融入自然环境与社会环境,从而赋予环境更多心理和情感上的内涵,具体表现在以下方面。

---

① 王恩涌.文化地理学导论:人、地、文化[M].北京:高等教育出版社,1991.
② 徐磊青,杨公侠.环境心理学:环境知觉和行为[M].上海:同济大学出版社,2002.

1）地方感

地方感是文化地理学研究热点之一，其作为一个宽泛的概念是指满足人们基本需求的建立在一种社会与文化不断影响下的人地关系，是居住者以其具体居住地为依托而产生的情感体验，并且是自我认知的组成部分。地方感本身是一种人文的社会建构，在形成过程中不是一成不变而是随着社会整体经济文化的变更而不断地被赋予新的内涵，因此可以说地方感是受多种维度影响的变量，包含地方认同和地方依恋两个层面[1]。

建筑地域性源自英语"region"一词，目前国内常译为"地区""地域""地方"。谈及建筑的地域性，基本存在以下共识：合理地回应当地的地理、气候等自然因素；延续当地习俗、伦理等人文因素；继承本土建造方式、能源、材料等技术因素。常规建筑都是具体地区的产物，不可移动的特性决定了其自身的地区属性必然在漫长发展过程中呈现出人、地、居三方面的相互作用。建筑地域性的最终表达必然呈现于"居"之上，具体来讲就是在协调人地关系的基础上思"居"。乡村聚落在漫长的发展历程中经历了起初被动的顺应自然，到之后的改造自然，再到回归自然的不同阶段，每个阶段的转换都是随社会变革、经济技术提升、价值观更新而引发的。因此，对于人地关系的理解仅仅局限于人与自然的物质层面是不够的，必须将其蕴含的文化与精神层面提升至新的高度才能更加完整地解读乡村地域性最为真实的一面。"地方感"概念的引入很好地弥补了传统地域性研究中缺乏对主体认知理解的局限性。虽然"地域性"与"地方感"指代内容极为相似，但也存在细微的差异。地域性内容涵盖较为宽广，具体到建筑的地域性，是指用以解释和提炼地方特征的客观表达，强调空间和时间维度的差异性；地方感则以人作为主体对象，更加关注外界环境使人们产生的心理和情感方面的变化。其中作为地方感维度之一的地方认同强调不同主体在时空维度中认知的差异性。对于乡土建筑地域性营造而言，关注对不同主体地方认同的解析是弱化研究中出现的重"物"轻"人"现象的合理应对，可从本质上规避地域性形式化出现的可能，对创造富有地方色彩同时兼具身份认同、价值认同以及文化认同的地域性是极为有利的。

2）地方认同

地方认同是普罗夏斯基引入环境心理学的重要概念，指人对居住环境的自我认知以及作为特定群体成员的情感和价值意义，是人们有意识和无意识中在观念、行为以及情感等方面进行复杂的交互作用，从而建立同物理环境相关的地方认同。地方认同的着眼点在于主体认知与"地方"之间的关联，人们通过将"地方"纳入自我的认同结构，使其成为自我认知的组成部分，从而形成可被理解的人地关系。环境心理学认为，人类择址而居必定会在其住所贮存个人或集体的情感及相互关系，这就是心理学范畴的人地关系。在这一范畴之内，"地方"不仅具有地理上的含义，还有人文、社会心理的内涵。美国人文地理学家段义夫指出，"地方"的主要功能在于促使人们产生归属感和依恋感[2]。因此，"地方"不仅包括具体的地理位置和物质形式等，还包含着人地关系所伴随的人类活动和心理意义两个层面。

---

① 朱竑,刘博.地方感、地方依恋与地方认同等概念的辨析及研究启示[J].华南师范大学学报(自然科学版),2011(1):2-4.

② 庄春萍,张建新.地方认同:将"地方"纳入"自我"认同结构[N].中国社会科学报,2012-04-18.

3) 地方依恋

地方依恋是指对具体地区的情感或需求的关联,关于地方依恋与地方认同之间的关系研究领域存在三种倾向:地方依恋与地方认同概念对等;地方依恋与地方认同互为平行概念均从属于地方感,是地方感的子概念;地方依恋是地方认同的子概念之一。本书比较认可第二种倾向。村民自愿或非自愿地改变居住地,如拆迁置换和灾后重建,会对人们的地方依恋立即产生显著效应,但这并不改变人们对过去居住地的地方认同。只有在与环境长期交互作用后,个体的认同中才会逐渐纳入对新居住地的认同。现实中,一个人可以依恋一个地方,而并不认同自己属于这个地方;反之亦然,如有些人对一些地方有高认同,但却没有高依恋。这说明地方依恋与地方认同是两个相互独立的概念①。

3.4.3　认知物化的存在方式

美国学者 C. O. 索尔在其著作《景观的形态》中指出文化景观是人类文化作用于自然景观的结果②。具体来讲,文化景观是指生活在某一地区的人类族群为满足自身的特定需求,通过对自然界的材料和资源的利用,有意识地在自然景观的基础上附加了个体的创造所形成的景观形态。其既包括风景园林、乡野农庄、城市建筑,也包括其间的服饰、图腾等微观元素,是主体认知在物理环境的存在表现,进而形成人与环境间的地方感,以及人对环境所产生的地方认同和地方依恋。这与拉普卜特所提到的建成环境的意义是基本一致的。不论文化景观或是建成环境体现的都是一种人类文化的复合体,是具体地区内地理特征与文化特征的集合。聚落是文化景观的重要组成部分,场地布局、建筑形式、道路结构、建造材料以及与生产生活有关的构筑物都是显性的物质象征。外部环境在主体认知的驱动下所产生的文化景观随着时间的推移不断变化。具体的地区和特定的文化影响都是其变化和发展的原因。一方面,内省的发展方式随着时间的推演逐渐进入一种较为稳定的阶段;另一方面,外来文化的不断介入又会使得文化景观更新,形成一种附着于新文化现象的地域表征。文化景观作为认知物化的存在形式是融入地方文化结构中不可缺失和不可复制的内在力量。因此,对文化景观和建成环境中所蕴含的场所信息的关注和提取,是将主体认知向乡村营建转化的有效途径,也是深入理解人与环境之间关系的基础。

3.5　本章小结

本章围绕村民主体认知的发展框架、演化动力、交互途径与物化基础四个方面,通过对认知发展理论、协同学、传播学、文化地理学以及环境心理学相关理论的把握建立了村民主体认知视角下乡村聚落营建的研究框架。认知发展理论作为构建村民主体认知发展的框架,通过借鉴认知图式的概念,结合认知发展中同化与调节的作用机制阐述了村民认知发展

---

① 庄春萍,张建新.地方认同:环境心理学视角下的分析[J].心理科学进展,2011(9):1388.
② 周尚意,杨鸿雁,孔翔.地方性形成机制的结构主义与人文主义分析——以 798 和 M50 两个艺术区在城市地方性塑造中的作用为例[J].地理研究,2011,(9):1566-1568.

的作用方式。协同学作为自组织理论中的动力学方法论，通过对序参量概念的引入解释了乡村聚落诸多子系统与主体认知交互过程中内部的序参量促使主体认知图式逐渐类型化，分别形成生态认知图式、社会认知图式和空间认知图式，并成为推动乡村发展的内动力。此外，通过对传播学中信息传递原理的借鉴，解释了在营建过程中主体间认知交互的方式，并最终结合文化地理学和环境心理学确立了认知与环境的关联，从而完成由问题到方法、由认知到营建的转化。

4 乡村聚落营建与村民主体认知图式

乡村聚落营建活动作为一个动态的演进过程,是主体与客体共同作用的结果,主体的需求与价值因素与客体中的物质与非物质因素相互制约,形成了丰富的聚落特质。随着社会生产力与文化的变迁,物质因素与非物质因素在乡村聚落营建中的影响此消彼长,并且不断地固化着村民的主体认知,使其趋于稳定,形成生态认知图式与社会认知图式。村民基于这两种认知图式并将其融入乡村聚落的营建活动,自发地创造出蕴含着物质与非物质要素内涵的聚落空间。在漫长的演进过程中,这种建成环境不断模式化,从而反作用于村民主体使其形成特定的空间认知图式。空间认知图式与生态认知图式、社会认知图式一同构成了村

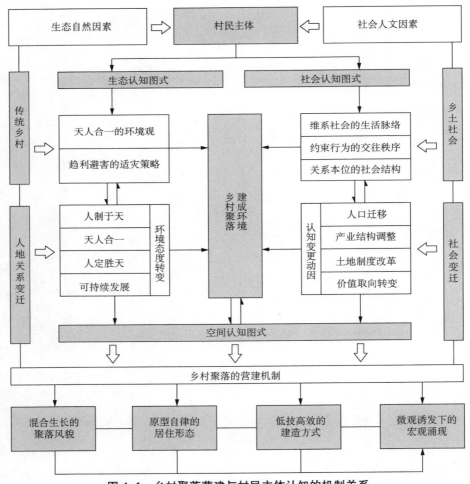

图 4-1 乡村聚落营建与村民主体认知的机制关系

(资料来源:笔者自绘)

民主体的完整认知结构,并通过一种非线性的机制影响营建行为的发生(图4-1)。因此,可以将乡村聚落划分为相应的三个层级:生态自然层面、社会人文层面以及空间聚落层面。其意义不仅在于理清不同认知图式在乡村聚落营建中的作用侧重,而且也在于明确不同层级营建之间的相互关联,为营建策略的整合提供依据。

4.1　生态认知图式与人地关系

生态认知图式反映了乡村聚落营建中村民的生态构建观,认知的发展和延续影响着人地关系的转变。村民主体作用的不断增强使得营建活动对生态自然具有更强的影响力,那么营建策略的确立必然涉及对主体认知的解析,其中既包括对传统生态认知图式的汲取也包含对时代变迁中认知图式演变趋势的分析,更重要的是,通过这一过程可以更准确地把握人、地、居三者在发展中的制衡关系。

4.1.1　传统乡村的生态构建观

1)"天人合一"的环境观

"天人合一"是古代聚落营建中最具代表性的有关人地关系的哲学思想,也是传统聚落营建的基本思想。它强调人居环境和自然环境可以互相交流与共生,体现的是"自然与精神的统一",追求道德原则与自然规律一致而达到天人协调和谐的理想境界。在科技不发达的时代,居住者凭直觉认知和经验积累,曾总结出了以天、地、人相协调为准则的认知观念和一种特殊的有关择地评价标准和体系、择地方法和构建居住环境的准则等的理论即"风水理论"。负阴抱阳、背山面水是民宅、村落选址择地的基本原则和理想格局,它被广泛运用于传统居住环境建设的实践中(图4-2)。虽然风水理论的发展因受"玄学"的影响、注入迷信色彩而有损其科学性,但这一特殊而古老的环境学仍深刻地影响着传统居住环境的构建。

因特别关注于人—建筑—自然的关系,即"天人"关系,在聚落环境空间构建中风水理论是择地的依据。传统的自然观和风水理论体现了古人崇尚自然,创造"人、地、居"相融的环境的理想①。正如《黄帝宅经》所述,"夫宅者,乃是阴阳之枢纽,人伦之轨模",即住宅是调节阴阳平衡的关键,关系到人的正常生活、吉凶福祸。其宗旨是:勘察自然,顺

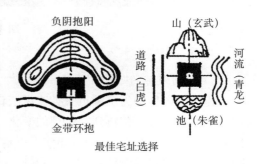

最佳宅址选择

最佳村址选择

图4-2　传统乡村选址原则
(资料来源:王其亨等《风水理论研究》)

---

① 业祖润.中国传统聚落环境空间结构研究[J].北京建筑工程学院学报,2001(1):71-72.

应自然,利用和改造自然,使之达到阴阳之和、天人之和、身心之和的境界。

天人合一的环境观恰好与生态建筑学的概念相吻合。在人与自然交流的过程中,中国乡土建筑观在选址方面形成了对地质、水文、气候、日照、景观等一系列自然地理环境因素的判断,采取相应的营建措施,从而创造适于长期居住的良好环境。乡土民居在真正意义上保存了中国传统建筑环境设计理念和乡土生态建筑特征。中国乡土建筑的生态观还集中体现在对建筑环境的选址规划中,极为重视对自然景观的利用,讲究建筑人文美与环境自然美的和谐统一①。如,窑洞是陕北特有的民居形式,特定的气候与地理条件造成了陕北干旱少雨的地域特征,同时也提供了适合建造窑洞的材料——黄土,从而为兼具生态效能与风貌特色的窑洞的产生和发展创造了天然的契机,这也是人在面对自然时所展现的大智慧(图4-3)。

图4-3　窑洞风貌

(资料来源:课题组文本)

2) 趋利避害的"适灾"策略

建筑的产生是为了满足人类遮风蔽日、起居生活的基本需求。面对灾害环境,人类从起初的"避灾"到"抗灾"再到"减灾"的变化,是人类主体作用不断加强的过程,也是重新审视自然时思想的转变过程。然而,即使人类自身的力量再强大,在自然面前也是渺小的,如果一味地强调与灾害的对抗,必然适得其反。尤其是在各种技术水平都相对落后的传统聚落,这一思路将更加艰难。乡村聚落选址往往依山傍水,在得到便利交通和良好风水的同时,这些地方也恰好是地貌地质比较复杂的地方,难免遭遇灾害。在与灾害长期的抗争中,人类形成了许多值得借鉴的经验,贺勇将古人面对灾害的各种应对方式进行了综述:防洪的"防、导、蓄、高、坚、迁"六字方略,防火的"围、隔、封、包、非燃、排烟、疏散、避难、救护、控制起因"等技术措施,防震的"择基址、稳态形体、以柔克刚、刚柔相济",防风则采用从规划选址、组群布局、建筑形式到结构、材料等一系列对策②。以上措施通过顺应事物的原本规律形成了一种"适灾"的应对策略。

适灾的营建思想源自"天人合一"的自然观和成功的防灾实践。我国古代城市建设中,

---

① 朱光亚.古今相地异同浅述[M].南京:东南大学出版社,2003.
② 贺勇.适宜性人居环境研究:"基本人居生态单元"的概念与方法[D].杭州:浙江大学,2004.

从选址规划、工程设施、建筑群体与单体一直到构造设计都具有显著的整体性与一致性,形成具备相当御灾能力的系统,反映出一种系统适灾的思想①。适灾是顺应自然的应对方式,充分利用场地的各种环境因素,将劣势转化为优势。以干阑式建筑为例,由于江南潮湿、多洪水,华南、西南等地区炎热多雨,地形起伏变化,不利于营建。在这种受限的自然条件下,底层架空的营建方式既解决了与潮湿地面隔离的问题又可以很好地适应起伏的地形,同时还有利于自然通风,一举多得。(图 4-4)

图 4-4　凤凰古镇吊脚楼

(资料来源:课题组拍摄)

4.1.2　人地关系变迁中的环境态度

人地关系在漫长的乡村发展史中经历了多次认知上的变迁,从以采集狩猎为主要生存手段的原始社会,到以农业生产为主的农业社会再到工业社会,时代生产力每一次革命,都伴随人地关系的改变。乡村聚落作为人地关系的表现核心,从生产活动到生活功能,从建筑形态到空间格局,都深刻反映出人地互动的足迹。

1) 从"人制于天"到"天人合一"的农业时代

人类对自然环境的认识是逐渐深入的,起初人们无法科学地解释自然现象,对自然怀有一种敬畏的态度,这就直接导致了人们对自然环境的消极适应,过着"靠山吃山、靠水吃水"

---

① 郑力鹏.开展城市与建筑"适灾"规划设计研究[J].建筑学报,1995(8):39-40.

的生活。人类活动对于自然是一种原始的依附状态。老子提出"人法地,地法天,天法道,道法自然",从一个侧面说出了人在自然面前的被动角色,体现了"人制于天"的人地观。随着农业时代的技术发展,人类对自然开始有意识地加以利用,但认识和技术水平限制了人们对建筑环境的大规模改造,这也从侧面决定了人们对环境的改造都在生态系统自我调节的限度之内,反映了营建活动中改造与适应的双重属性。人们注重的是高效地利用自然,与自然相协调,强调人与环境处于一个有机整体之中,追求与环境的共生和谐,即"天人合一"的人地观。

2)"人定胜天"的工业时代

工业革命以后社会生产力的迅猛发展,表现出人类征服、利用和改造自然的巨大潜能。生产力的革命、新技术的涌现、新工具的利用使自然资源成为人类生存的工具。此时,人地关系从相互依存转变成为一种"人定胜天"发展趋势,人居环境逐渐恶化。盲目的单向扩张使得乡村聚落生活和生产的和谐被打破。乡村工业的无序发展将原来集中于城市的污染源带到了乡村,对乡村人居环境造成了极大破坏,从本质上看是由人地观的转变造成的生态排异结果。

3)可持续发展的后工业时代

随着生态环境的逐渐恶化人类开始重新思考面对自然的态度,可持续的发展观成为后工业时代的重要方向。乡村聚落是自然整体环境系统中一个完好有效的组成部分,将在未来城乡关系中扮演重要的角色。乡村聚落及其整个乡村地域有利于社会多样化与良好生存环境的维系。同时,乡村也将成为人类寻根的源泉,人和环境的关系不仅是生存层面的共存,更是精神层面的共存[1]。

4.1.3　人、地、居的制衡

人类的生存和持续发展总是需要在建筑和环境之间寻求一种平衡,作为生存的主体,人是二者制衡的动因。从时间维度上看,人、地、居三者在发展中不断演变,它们之间存在着一种既对立又统一的抗衡方式,人在改造环境的同时环境也在不断地通过反馈机制进行调节,从而维持生态的持续稳定。虽然在不断发展的过程中这一关系也在不断地变化,但仍有机制可循。

1)生态反馈机制

所谓生态反馈机制,就是指当生态系统中某一成分或要素发生变化时,必将引起系统中其他成分或要素出现相应的变化,而这些变化最终又会反过来影响最初发生变化的部分,这个过程即为反馈[2]。

反馈存在正、负两种类型。正反馈使得生物个体和种群增长不断上升,却令整个系统逐渐偏离平衡位置,不能维持系统的稳态,是一个不可循环的过程。负反馈则通过自身的功能减缓系统内部的压力,使生态系统维持相对稳定。简单来说,可以将正反馈视为促进系统中

① 赵之枫.乡村聚落人地关系的演化及其可持续发展研究[J].北京工业大学学报,2004(3):301.

② 王让会,孙洪波,黄俊芳,等.人为活动影响下的生态系统反馈机制——塔里木河流域生态输水工程的效应分析[J].农村生态环境,2004(4):74-75.

最初发生变化部分的过程,由于这个过程是
不稳定和不可持续的,因此正反馈是相对意
义上的;而负反馈的作用在于削弱系统中造
成压力的部分,使之恢复平衡态,因此负反馈
是绝对意义上的。负反馈调节是生态系统自
我调节能力的基础。(图4-5)

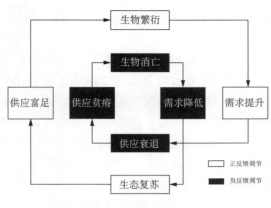

图4-5   生态反馈机制图

(资料来源:笔者自绘)

2)蕴含在乡村聚落构建中的制衡机制

乡村聚落的发展对自然生态中的地形地
貌、水文气候、物质资源等都带来了直接的影
响。同时,由于生态反馈机制的作用,生态环
境通过负反馈的调节不断地使系统趋于平衡
状态。但是,生态系统的自我调节作用是有
限的,一旦聚落在演化中超越了这种调节机制,将会出现生态失稳现象,其结果不但抑制人
类聚落的发展而且有时是破坏性的。如:聚落规模的超负荷扩张、单纯地增加建设用地的开
发、破坏原有的森林湿地,从而导致的泥石流、荒漠化等自然灾害,这样不但会使生态系统的
自我调节功能受损,甚至导致整个生态圈的功能失稳,同样也对人类的生存造成极大的危
害。因此,在乡村聚落的建设中如果可以从生态反馈的角度来思考问题,预先以生态平衡为
发展的立足点,才能实现稳健有序、可持续的发展进程。

"天人合一"的哲学观念强调人是自然万物的组成部分,人与自然是相通的统一体,而非
征服和凌驾于自然。这同生态反馈机制的原理是完全吻合的。这种思想在乡村聚落的择地
和营建的过程中体现得淋漓尽致。自发形成的乡村聚落,从形态来看大多依山就势、引水为
脉,其内部的公共空间结合原有的生态格局组织空间要素。如:山地聚落构建台地建筑,形
成高低错落、层次分明的活动空间,合理利用土地资源的同时形成了特色鲜明的居住环境;
滨水聚落则最大限度地利用水体的生命力,在便于生产活动的同时营造宜人的活动空间,并
且考虑了水灾隐患,布局上呈现一种既亲水又避水的形态特征。不同生态环境下的乡村都
以各自的方式与自然进行对话,使乡村的发展与自然处于一种平衡状态,也就是处于生态负
反馈可调的状态。

4.2   社会认知图式与作用要素

社会、经济、文化作为乡村聚落营建的非物质要素是多个宽泛概念的集合,本书为便于
论述将其统称为社会人文层面。将其整合的目的在于以一种整体的视野描述诸多影响因子
共同作用于主体时所形成的认知图式。人的主体意识赋予了乡土文明深蕴的内涵,与生态
自然相比,乡村聚落的社会人文层面更加直接地映射出村民的主体认知。村民们生于斯,死
于斯,乡与土不仅成为维系社会生活的基本脉络,而且也隐含着约束行为的交往秩序。不可
否认,社会人文层面的形成源自人的主体作用,但是当它们发展成为一种完善的价值体系
时,其中体现的便不仅是主体精神层面的意义,而且会转化成为一种独立的客体制约要素。

在乡村聚落营建中这一要素将会伴随始终,并且影响居住者的认知方式,使村民形成相对稳定的社会认知图式。

从传统乡村聚落的演进与农耕文化的发展中不难看出,二者的存在几乎是一体的。乡村聚落文化底蕴的充实与居住者民俗情感的融入形成了乡村聚落的集体记忆和场所认同感。然而社会并非静止的,再稳定的社会结构与文化形态也不可避免地随着社会变迁中的重大事件发生改变。随着新中国的成立、改革开放的推进以及社会主义新农村一系列政策的提出,国家意志层面的引导使得我国乡村聚落在社会人文层面发生了巨大的变化。传统的社会认知图式在新一轮的社会发展背景下不断地受到外界冲击。城乡结构的优化、产业经济的转型、土地政策的变革以及价值取向的转变等都成为村民主体认知变更的直接动因。村民在保留传统的同时又不断地顺应这些变化,对于乡村聚落营建而言这种影响是潜在的。

4.2.1　乡土意识与农耕文化

1) 乡土社会——稳定而封闭的社会形态

乡土社会是中国几千年来固有的一种稳定的社会形态,农耕经济的生产方式促成了相对封闭且人口流动程度较小的社会特征。村民作为乡土社会的主体,长期生活于乡村各地,形成了固定的生活圈子和稳定的生活方式,费孝通将其描述为社会的乡土性。乡土性主要表现在主体对土地的依赖,村民们以土为根实现自给自足,生活上没有离开家乡的必要,各个村落在生活方式上的相似性也导致了它们之间交流的不频繁。传统乡村自行发展,形成有限的规模,这种内部的自我完善也加剧了与外界的隔离,极少的外部干扰也促使了乡土社会内部稳定的形成。同时,政府强化了农民对土地的情结,出于对社会稳定的考虑,统治者推行"强本弱末"的重农抑商政策以及限制农民迁徙的户籍制度,这加重了农民对土地的依赖意识,造成了村民安土重迁的行为特征①。

相对稳定的社会形态直接衍生出的村民主体,在心理和社会秩序等方面也存在一定的稳定性。村民的生活依赖于土地,极少的迁徙和外界交流反映了住居本身的稳定性;人们在生活中遵循的社会规范是基于熟人社会和礼俗文化的影响,而非在机械的规范下形成的,是集体意识的再现,表现了群体心理的稳定性。过去"长老权力"是建立在教化作用之上的,教化是有知对无知,如果所传递的文化是有效的,被教的自然没有反对的必要;如果所传递的文化已经失效,也就失去了教化的意义。"反对"在这种关系里是不会发生的②。因此,由于社会变迁所产生的剧烈动荡也是不会发生的,新要素会在原有社会格局中慢慢同化直至融入,从而实现社会内部秩序的稳定。

2) 维系社会的生活脉络——血缘、地缘、业缘

乡土社会中血缘关系是社会的基本生活脉络,是社会组织的基础,对社会生产及人们的生活起着决定性作用。由于乡土意识中对耕地的依附和缺乏流动性的农耕经济,故而派生

---

① 费孝通.江村经济:中国农民的生活[M].戴可景,译.南京:江苏人民出版社,1986.
② 王铭铭,杨清媚.费孝通与《乡土中国》[J].中南民族大学学报(人文社会科学版),2010(4):1-6.

出农民对血缘的重视。血缘关系的基本单元主要是家庭,长期择地而居成为宗族社会,在我国广大农村中家族、宗族关系仍十分浓厚并且发挥着重要的作用。随着社会生产力的发展,近现代以来,血缘关系的地位和作用有下降趋势,不断让位于地缘关系和业缘关系。

在稳定的社会里地缘不过是血缘的投影,是不分离的。乡土社会变化很少,人口却不是完全没有流动的。一个人口在繁殖中的血缘社群,人口繁殖到一定程度,所需土地面积也相应扩大,住的地和工作的地距离达到一定程度,效率受到阻碍,社群就不得不在区位上分离。在这分离之前,先发生的是向内精耕,但精耕导致土地报酬递减,不可避免地逼迫人们走向分离。如果分离出去的部分形成了新的村落,还和原来的社群保持血缘上的联系,就形成了血缘性的地缘。如籍贯,不管人到了哪里,籍贯都还是那老地方。然而很多离开老家的人并不能形成社群而只能设法在已有的社群中插进去。这些人被称为"外客",他们不是亲密血缘社会的成员,进入当地社群相当困难,但也因此得以从事商业。在血缘社会里商业是不存在的,他们的交易以人情维持,不是用钱物"无情"地明算账。血缘社会是熟人社会,熟人面前是拉不下面子的。对商业的需求使得外客的地位得到巩固,与当地人组成一个新的社群,纯粹的地缘就是这样从商业里发展出来,不以血缘为基础形成社群,血缘和地缘得以分离。血缘是身份社会的基础,地缘是契约社会的基础,从血缘结合到地缘结合是社会性质的转变。正如费孝通所言,中国的农村社会是"一个'熟悉'的社会,一个没有陌生人的社会"。同村的邻里交往频繁,人际关系比较密切。这种基于血缘和地缘关系自然形成的社区具有很强的凝聚力①。

业缘关系是在血缘和地缘关系的基础上由社会分工形成的社会关系。工业化和商品经济的发展使农村传统社会关系发生巨大的变化,血缘网络逐步为地缘、业缘所取代。同时城市的思想文化和生活方式被引入农村,农村传统文化观念和价值观受到冲击,生活方式随之逐步改变。在观念冲突中,原本的不良文化思想和生活习惯可能会被淘汰,但也可能导致农村地域文化和特色的消失。

3) 约束行为的交往秩序——礼治社会与礼俗文化

社会的稳定需要秩序的维持,所施加外力和依据规范的不同,其内部所产生的秩序性质也便不同,人们常说的法治和人治就是两种不同的实现方式。简单来说,法治社会是依据法律规范秩序的统治方式,而人治思想源于儒家文化,其更加注重人在管理和决策方面的主动性和特殊性,认为有智慧的治理者是秩序维持的关键。在现代社会,人们赋予法治更多积极层面的意义,实际上,从二者所追求的最终目标来看本质上是一致的。乡土社会中秩序的维持在很多方面与现代社会是不同的,如果将法律、法规仅限于以国家权力维持的规则,那么乡土社会在很多时候是脱离这一体系的,但这并不影响社会秩序的稳定,人的行为与交往方式被一种无形的力量所控制,这就是礼治社会。

礼治和人治有一定的关联。礼治强调教化的作用,而人治则偏重教化者本身的作用,认为教化者本身品行的高低直接影响治理的效用。"礼是社会公认合式的行为规范。合于礼的就是说这些行为是做得对的,对是合式的意思。如果单从行为规范一点说,本和法律无

---

①　费孝通.乡土中国[M].北京:北京出版社,2005.

异,法律也是一种行为规范。礼和法不相同的地方是维持规范的力量。法律是靠国家的权力来推行的。而礼却不需要这有形的权力机构来维持。维持礼规范的是传统,礼并不是靠一个外在的权力来推行的,而是从教化中养成了个人的敬畏之感,人服礼是主动的。"①传统是人们在社会生活中的经验积累,并演变成为一种约束主体行为的交往秩序,人们在其中的行为活动并非无序自由的或受外力控制的。由于乡土社会相对封闭的特殊性,个人对自身的信任处于一种较低的水平,更多的是通过自身的学习能力沿袭祖辈们的经验成果,越是经过生活证明的越是有效的,如此代代相传延续着传统。礼作为一种传统之所以可以在乡土社会中成为行为的约束力,是因为它能够有效地应对生活中出现的问题。一旦这一作用失效,礼治也就无法实现。因此,在急速变迁的社会中,如果新的问题再也不能通过传统得到解决的话,就需要外界控制力的介入。实际上即使是旧时,纯粹的礼治社会也是不存在的,更多情况下是一种礼与法的互融互进。因此,可以将礼视为一种文化的影响,而非秩序维持的唯一力量。

礼是文化的体现,乡土社会中表现为一种礼俗文化。礼俗源于生活,但"礼"与"俗"并不是一回事,而是在儒家思想的影响下整合成为"礼俗"。礼俗文化源于宗法制度的起点——伦理。伦理始于家庭,而又向外拓展,形成家族关系、宗族关系、君臣关系、官民关系、师徒关系、朋友关系,从而构成伦理社会。这一结构关系在世俗社会中被反复演绎,使得"礼"与"俗"逐渐成为一体。人类学家雷德斐在《农民社会与文化》一书中提出大传统与小传统的概念。大传统是由思想家提炼的思想体系或制度化的意识形态,它高于生活又指导生活,成为传统文化中的主流,具有系统性、导向性和稳定性,代表了一种精英的雅文化;小传统却由于植根民众的生活,贴近社会的实际,富有多样性、易变性和自发性,从而又有相对的独立性,代表了民间的俗文化②。中国传统社会在生活方式、等级序列和道德伦理上一体化的结构特征,使得这种俗文化不仅反映出民间的文化特色,而且也承袭着大传统中礼文化的精髓,有助于增强对乡村聚落传统文化理解的自觉意识。

4)关系本位的社会结构——差序格局

梁漱溟指出:"伦理本位者,关系本位也。"中国社会既不见个人也不见团体,所见只是弥天弥地的私人关系。伦理本位,即始于家庭亲子血缘关系的伦理关系,涵化了整个社会人际关系。因此中国的社会缺乏西方式的团体组织和团体生活,而只有伦理情谊。中国社会缺乏团体的几个原因:缺乏宗教传统、经济上以小农制和手工业为主、长期缺乏激烈竞争的国际环境、皇家不许人民结团体等③。费孝通同样认为缺乏团体是乡土社会的一个根本特征,社会结构是由一根根私人联系组成的网络,家庭成为最为普遍的社会圈子,而边界清晰的团体却鲜有。

由于血缘、地缘、业缘等因素存在亲近疏远的差序性,以团体格局为主的西方社会也存在类似的差序性,但是他们主要由团体来决定人们的行动,而不是像中国由差序性的人际关系来决定人们的行动。可见,乡土社会主体的行为被差序性的关系所塑造,中国人的行为是

①　费孝通.乡土中国[M].北京:北京出版社,2005.
②　刘志琴.礼俗文化的再研究——回应文化研究的新思潮[J].史学理论研究,2005(1):41-42.
③　梁漱溟.梁漱溟全集:第一卷[M].济南:山东人民出版社,2005.

自我主义的。以家庭和邻里组成的社会圈子不是共同体,而是主体的交往范围,圈子里只有一个个的私人,而没有团体成员,人与人之间形成的是私人关系网络而非组织关系网络。差序性圈层在个人的行动上表现为倾向于照顾与自己关系相近的人,忽略与自己关系较远的人,家成为关系体系中的最内层。这种以关系为本位的社会结构便是费孝通在剖析中国传统社会后所提出的"差序格局"①,是乡土社会最为突出的结构特征。

4.2.2　社会变迁中认知的变更动因

在传统乡土社会漫长演变过程中村民形成了特定的社会认知图式,并且在变迁和波动较小的社会中这一根深蒂固的认知方式在持续、稳定地发生作用。然而,纵观近现代乡村的发展历程,其间由于几次重大历史事件引起了多次的社会变迁,尤其在改革开放以后这种变化的趋势更加显著。人口的加速迁移、土地制度的改革、产业结构的调整以及社会价值取向的转变等因素,都使得村民主体的认知图式在变迁的大环境下不断地进行调整。

1) 人口迁移

我国农村人口多耕地少的矛盾由来已久,随着农村人口基数的不断扩大,大量剩余劳动力需要寻找生存的出路。然而,城乡二元结构长期制约着人口的自发迁移。特别是从新中国成立到改革开放这段时期内,国家实行的供粮制度、公房分配制度和户籍制度的相互作用从根本上限制了农村人口向城市的流动。改革开放政策的实行大大改善了城乡人口分离的状态,人口限制政策的开放为城市建设和经济的发展注入了新的力量,城市化进程加速(图4-6)。

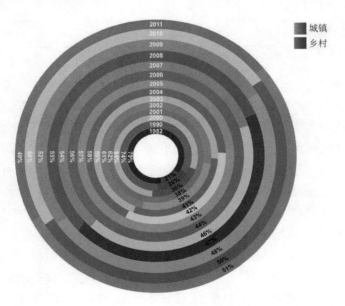

图 4-6　我国城市化进程

(资料来源:中华人民共和国统计局、国家数据官网)

---

① 廉如签,戴烽.差序格局与伦理本位之间的异同[J].学海,2010(3):145-146.

农村的生产单位由集体性质的生产队转换为家庭,故此妇女和老人也可成为参与生产的人员,从而进一步加大了劳动力的剩余度和自由度,从客观上为人口的迁移起到了推进作用。

伴随城市化进程的提速,人口不断向城市集聚,城乡人口结构发生了巨大的变化。1978年至2012年间,城镇人口比例由起初的17.9%增长到52.6%,而乡村人口比例则由82.1%下降到47.4%。1978年乡村人口的比例是城镇人口比例的约4.6倍,2012年城镇人口所占比例已反超乡村人口比例(表4-1),截止到2018年城镇人口的比例是乡村人口的1.5倍。人口结构的变化反映出优势资源在城乡层面上分布的不均衡和地区经济发展的不平衡。此外,城市化进程中城镇比重也由1982年的21%发展到2011年的51%,城市化水平的提高标志着我国经济迅猛发展的同时,也预示着城市的生活方式已成为全社会的主流形态,其代表着一种现代化、舒适的生活状态。而乡村形态的弱化和乡村人口的不断城市化,尤其是青壮年人口的迁移,使得这种城市的认知方式更易被他们所接受,并且逐渐渗透到原有乡土社会中。虽然传统的认知图式在乡村依旧占有"一席之地",但也无法阻挡村民对城市生活的追求和模仿,这不仅体现在意识形态上,同样也反映在建筑形态和乡村格局的改变上。

表4-1 城乡人口统计(1978—2018年)

城乡人口	1978年	1990年	2000年	2007年	2012年	2015	2018
城镇人口	17.9%	26.4%	36.2%	44.9%	52.6%	56.10%	59.58%
乡村人口	82.1%	73.6%	63.8%	55.1%	47.4%	43.90%	40.42%

(资料来源:《中国统计年鉴》)

2)土地制度改革

土地分配和占有是否均衡,是民众顺应和背离的关键。从新中国成立至今,我国农村土地制度经历了四次重大变革:第一阶段为1949年末到1953年初,是抗日战争和解放战争时期解放区土地改革的延续、扩展和深化。农民获得了土地所有权,以户为单位的土地所有制提高了农民的收入,保障了农民的生活;第二阶段为1953年至1957年,此时虽土地所有权仍属于农民,但土地经营权已归集体所有,是农村土地社会主义改造的过渡时期;第三阶段为1958年至1978年,是政府统一规划和分配土地的时期,土地由以生产大队和生产队为基本单元的社区性全员共同所有、共同经营,导致农民积极性下降,经济低迷;第四阶段为1979年至今,确立了"土地集体所有、家庭承包经营、长期稳定承包权、鼓励合法流转"的新型农村土地制度,形成了一套比较完整和成型的新型土地制度。坚持农村土地集体所有长期不变,允许农户在承包期内依法、自愿、有偿转让土地使用经营权,即农村土地流转[①]。

土地流转政策带来了规模化、集约化的农业经营模式,同时也将土地在一定程度上转化成为一种市场资源。市场经济体制初步建立,城市中有偿使用土地制度出台,土地市场逐渐

---

① 王景新.中国农村土地制度的世纪变革[M].北京:中国经济出版社,2001.

形成,但农村土地市场仍沿用计划经济时期的无偿使用制度。然而,农民对土地的价值却有了新的认识,尤其是身处市场经济较为发达的沿海开放地区和城市郊区的农民。数千年来所形成的根深蒂固的"土地依恋情结"在内容上发生了根本性的变化,传统农民历来固守和崇拜的土地的农业价值,已经被土地商品化带来的巨额利润所取代①。农民对"土地开发"倾注了前所未有的热情,忙于兴建自宅和开发工业用地,很多地方农民拥有多处住宅,除基本刚需外,其余部分以出租获利为目的。

3) 产业结构调整

从历史上看,尽管我国素有农业大国之称,但仅仅依靠农业富足的村落并不在多数。从现存古村落可以了解到其昌盛时期并非单一经济模式给予支撑的,商业在其发展历程中起到了极为重要的作用。国家政策的调整也为推进地区产业起到了关键的作用。以徽州村落为例,该地区明中期以前一直以小农经济为主要的生活手段,与普通村庄一般自给自足。而明弘治时期政府盐业政策的推动,徽商就此发达并且一度形成垄断,地区经济实力大大增强,从而成就了徽派建筑精美奢华的艺术形式。而到了清道光年间,国家实行了票盐制度,限制了徽商在盐业的垄断地位,至此曾经繁盛的徽州经济再也不见当日光彩。

如果说政策对经济的推进是局部的,那么国家层面产业结构的调整则直接影响全社会的发展走向。改革开放以来,我国经济增长迅猛,产业结构发生了巨大的变化。1978年至1984年是农业迅速发展时期,第一产业在国民生产总值的比重迅速上升,其年均增长率达14.5%左右,超过第二产业年均增长率(10.0%)和第三产业年均增长率(12.7%)。1985年至1992年是非农产业迅速发展时期。这一时期的总体特征是第二、三产业在国民生产总值中所占比重迅速上升,第一产业所占比重迅速下降。1993年至今,是第二产业高速发展时期,第三产业发展整体呈上升趋势②。从我国国内生产总值的产业结构的比重可以明显看出第一产业的迅速下滑趋势以及第二、三产业的稳步增长趋势(表4-2)。

表4-2　国内生产总值产业结构(1978—2017年)

产业类型	1978年	1990年	2000年	2007年	2017
第一产业	28.2%	27.1%	15.1%	11.3%	7.6%
第二产业	47.9%	41.3%	45.9%	48.6%	40.5%
第三产业	23.9%	31.6%	39.0%	40.1%	51.9%

(资料来源:《中国统计年鉴》)

产业结构的调整直接影响了人口就业的倾向,第一产业就业比例在改革开放后的四十年间由70.5%下滑至27.0%,第二产业的就业比例由17.3%上升至28.1%,而第三产业的就业人数比例实现了飞速增长,由12.2%增长至44.9%,增长幅度近3倍(表4-3)。从事农业

---

① 赵之枫.城市化加速时期村庄集聚及规划建设研究[D].北京:清华大学,2001.
② 李晓嘉,刘鹏.我国产业结构调整对就业增长的影响[J].山西财经大学学报,2006(1):59-63.

人口向工业和服务业方向转变的表现不仅仅是因为人口向城市的迁移,"离土不离乡"的发展方式成为乡村产业转型的重要特征,多种产业形式成为新时期乡村产业发展的重要内容。旅游业、创意文化产业以及特色化工业的开展等都成为村民致富的重要手段,以传统农业为主导的产业结构逐渐向多元化发展方向转变。地区特色经济与生态旅游成为村民普遍认可的经济增长产业模式。

表 4-3   就业产业结构(1978—2017 年)

产业类型	1978 年	1990 年	2000 年	2007 年	2017 年
第一产业	70.5%	60.1%	50.0%	40.8%	27.0%
第二产业	17.3%	21.4%	22.5%	26.8%	28.1%
第三产业	12.2%	18.5%	27.5%	32.4%	44.9%

(资料来源:《中国统计年鉴》)

4)价值取向转变

社会变迁中不同因素的相互作用客观上对社会主体的认知变更起到一定的催化作用,而群体认知在变更中一旦存在广泛的共识便会形成社会主流价值观。主流价值观之所以形成在于其具有传播上的优势,因此往往产生于拥有话语权的群体之中,他们通常是政治、经济和文化等领域的精英团体以及主流媒体。农民在这方面必然处于绝对的劣势地位,他们只能是被社会价值观转变所影响的那一部分,而很少有能代表农民群体的声音去融入主流的价值群体。如此,农民成为这个时代下被边缘化的部分,他们传统的生活方式和主体价值取向正随着社会价值观的改变而改变。

价值取向是个体在社会化的过程中,价值观与一定的客观生活条件相结合而逐渐形成的、相对稳定的评价事物的标准和态度。它具有动力性特征,一经形成便引导人们按一定的方向有选择地进行活动[1]。我国在近几十年的发展历程中急于摆脱由于战争和革命而带来的贫穷落后的现实状态,制定了"以经济建设为核心"的发展方针,一直贯彻至今,并且取得了举世瞩目的建设成果,国民的物质生活水平得到了空前的提高,但同时也使社会的关注点和行为方式全部指向了"致富"。实际上"致富"本身并没有错,但是一旦转变成为一种拜金主义的价值观,其对社会的影响是毁坏性的。尤其是在主流媒体的助力后这种现象愈演愈烈,对财富的追逐和炫耀已成为负面价值取向的典型代表。

这种负面价值取向的影响对村民主体认知方式的转变是潜移默化的,加上村民在接收信息程度上的滞后性以及其与传统认知图式的相互作用,在乡村营建中表现为"新奇"的建筑形态和规模上的相互攀比。当然,社会主流价值观的驱动更多时候是正面积极的,只要能够进行正确的引导和传播同样可以起到促进乡村建设的作用。对于乡村层面而言,浙江省推行的美丽乡村建设和国家层面强调的生态发展观对乡村风貌的恢复和提升起到了重要而积极的引导作用。

---

[1]   王伟伟,马婷,李媛媛.价值取向和结果预期对助人行为的影响[J].社会心理科学,2013(6):13-14.

4.2.3　认知变更下文化的增殖与异化

乡村聚落地域文化的形成与信息传播密切相关，由于传播者对信息的输出和受传者对信息的接收均具有主观诠释性，其中不仅包含着双方对乡村生活的现实关怀，而且也体现着他们对现代社会的精神渴求。村民主体作为信息传播的核心环节具有双向特性，不仅是信息接收者而且也是解释者，不同的视野和心态都对后续译码产生相应影响，因此村民主体认知的变更对地域性文化的延续存在增殖与异化的作用。

1）信息解释的不确定性

认知信息在传递的过程中必然经历解释与被解释的过程，不可避免地会造成部分信息的增值与丢失。作为信息的传播者同时也是受众的村民，其认知结构在固有认知图式的基础上一方面结合新的外部信息创造具有延续性的新文化形式。如开平碉楼作为中国乡土建筑的一个特殊类型，是集居住、防卫于一身的塔式多层建筑，融合中国传统乡土民居与西方古典建筑等多种风格于一身形成了独特的建筑艺术形式（图4-7）。又如宁波老周边民宅陈宅等，也带有强烈的中西兼容之风。另一方面其则可能在认知发展的同时伴有信息的变异和缺损，以至于逐渐引发社会文化特质的变更，最终导致原有文化结构转化成为一种病态的文化形式。如在浙江乡村聚落中已经发生和正在发生的对西方建筑符号的滥用（图4-8），以及乡村对城市居住形态的盲目模仿，即便是在宽阔的土地上也要建起高层住宅。同样的符号在不同的地域，融合不同的认知信息会产生不同的文化效应，形成不同的地域风貌，即所谓的文化的增殖与异化。

图4-7　开平碉楼

（资料来源：课题组拍摄）

图 4-8　浙江农宅

（资料来源：课题组拍摄）

2）认知结构的不均衡性

一定区域范围内之所以呈现出相似的地域特征，除本身的环境因素之外，还在于信息传播上空间制约所引发的传播方式以及人们认知结构的相似。同样，由于传播媒介在空间上的制约，引起主体认知结构在不同区域间存在很大差异，从而形成不同的文化景观。北京的爨底下村大部分建筑为清后期所建，村落四面环山依势而就，加之村民居安思危的意识，严密的防卫系统使其成为别具特色的"乡村城堡"（图 4-9）。同样是依山而建的温州市永嘉县

图 4-9　北京爨底下村

（资料来源：课题组拍摄）

的林坑村则选择以一种开放的姿态协调于自然,这与古时此地郡守多为文人骚客不无关联(图 4-10)。如果说林坑村与爨底下村的差异可能源于不同地理环境的话,那么同为北京周边位于怀柔新王峪村的山吧,则基于现代的认知结构利用山体景观资源被开发成为旅游度假村,形成颇具南方巢居特色的住宅形式(图 4-11)。

图 4-10　浙江永嘉林坑村

(资料来源:课题组拍摄)

图 4-11　北京怀柔山吧

(资料来源:课题组拍摄)

可见,认识方式差异使得地域特征逐渐分离于地理环境的制约,形成一种更为宽泛的异化要素。如果乡村地域特征的共性反映了区域内部主体认知结构的同质化,那么特征的差异则反映了区域之间认知结构的异质化,这种认知结构的不均衡性是乡村聚落文化的鲜明性得以延续的原因。然而,由于传播媒介的发展,从原有的口传心授到文字记录,发展至如今的电子信息传播时代,传播媒介的转变带来了信息的爆炸,各种文化的迅速渗透造成地域特征不再受到空间的制约,出现趋同或异化的发展趋势。一方面新科技的引入带来经济发展的加速和产业结构的更新,另一方面不同文化的碰撞也对人们如何取舍"本土"信息与"舶来"信息的能力提出了挑战。

4.3 空间认知图式与聚落形态

生态自然与社会人文的相互作用决定了聚落空间的双重属性,聚落空间在两种要素的影响下所展现出的空间特质和文化内涵蕴含着居住者最质朴的营建策略。聚落形态一旦形成便会作为一种独立的因素影响主体的行为和认知,主体与客体在信息传播中逐渐形成村民主体空间认知图式。对空间认知探讨的前提是明确"自然—社会—聚落空间—人"之间的作用方式。

4.3.1 生态环境制约下的聚落空间

乡村聚落作为生态系统重要的组成部分,其发展的每一个阶段都对自然生态产生不同程度的影响,同时也接受自然本身的反馈作用。乡村聚落在不断地与自然进行信息反馈的过程中通过一种自组织的方式,逐渐形成了与其所在相应地理环境相吻合的空间形态。

1)乡村聚落的形态类型

我国地理形态种类多样,如浙江全省地势由西南向东北倾斜,总体上分为北部平原区和中南部丘陵山地区两大部分(图4-12)。区域特色明显,具有乡村风貌的显性、易感知、特色鲜明、重复出现等特征。这些特征在空间格局、村落形态层面及心理感知层面等显示出的重要性,是决定乡村形态不同发展模式的条件。浙江省乡村风貌类型按地理单元可分为

图4-12 浙江省地形图

(资料来源:《浙江农村地域风貌特色研究报告》)

山地丘陵型村庄、平原型村庄、海岛型村庄三大类,其中山地丘陵型村庄还可细分为高山峡谷型和低山丘陵型,平原型村庄还可细分为平原河谷型和平原水网型,海岛型村庄还可细分为冲积平原型和冲蚀丘陵型。(具体特征如表4-4,相应样板如图4-13)

表 4-4　生态环境制约下的聚落空间类型

类型		分布地区	案例	风貌特征
山地丘陵型村庄	高山峡谷型	主要分布于丽水、金华、台州、衢州等浙西南城市	磐安县上葛村	村庄沿高山峡谷区以带状展开,规模较小,周边地形复杂,地势落差大,峡谷溪流水量大,道路多建于山谷区域。植被以山林、毛竹、茶园、梯田为主,耕地资源紧缺
	低山丘陵型		安吉县郎村	村庄周边低山丘陵形成斗区,聚落空间多沿山地边缘展开,斗区内为农田景观,河道从斗区穿过
平原型村庄	平原河谷型	主要分布于杭州、绍兴、宁波等浙东北城市	安吉县章里村	村庄地势较高,地形起伏不大,是上游水系汇集进入下游平原的交汇处,水面较宽且有枯水、丰水期水位变化。河岸多驳坎,陡峭。村庄沿河道展开,总体格局为带状,村庄内部结构受河道走势影响较小,为相对独立的团聚式布局。耕地资源相对充足,以水田和茶园为主
	平原水网型		长兴县塔上村	村庄地形平坦,地势较低,水面脉络清晰,完整联系。河道网水道是组织村落外部空间形态的主要因素,居民点分散且规模较小,多为水道环绕,水网的走向、形状和宽窄变化形成村落不同的景观特征。村庄聚落空间格局以水为核心展开,水塘常为院落构成要素,但公共空间与水相关性不大。村内道路夹河而建,沿河修有驳岸及台阶以利于取水,亲水特征明显
海岛型村庄	冲积平原型	主要分布于宁波、舟山、温州、台州等沿海城市	普陀区莲兴村	村庄建筑较为分散,地势平缓,地形起伏不大,位于朱家尖岛冲积平原的深处。村庄沿道路和丘陵地形展开,总体格局自然生长,村庄内部结构受海洋外环境影响较小,为相对独立的团聚式布局。耕地资源相对充足,以水田和果园为主
	冲蚀丘陵型		普陀区茅山村	村庄面朝海湾,地势起伏较大。建筑可利用土地不多,故而依山而建,层叠而起。在丘陵的坳口处形成建筑聚集群,聚族以为村,进而避风暴等不利的气候因素。村海之间淤积少量滩涂,或形成良好港湾,适宜渔业、养殖业、盐业等作业手段

(资料来源:课题组绘制)

2)特定类型下的聚落公共空间

融于自然的乡村形态直接影响了其内部公共空间的结构类型。如:高山峡谷型村庄受地理地势因素制约较大,公共空间多沿峡谷区展开形成条带状。低山丘陵型村庄沿斗区边缘展开,受等高线影响大,公共空间易形成触须状。平原河谷型村庄主要沿河道展开,公共空间大多呈带状或多组团状。平原水网型村庄主要受水网形态的影响较大。将其归纳起来,大致可分为条带型、触须型、簇群型、河网型等几种公共空间类型。(具体特征如表4-5,相应样板如图4-14)

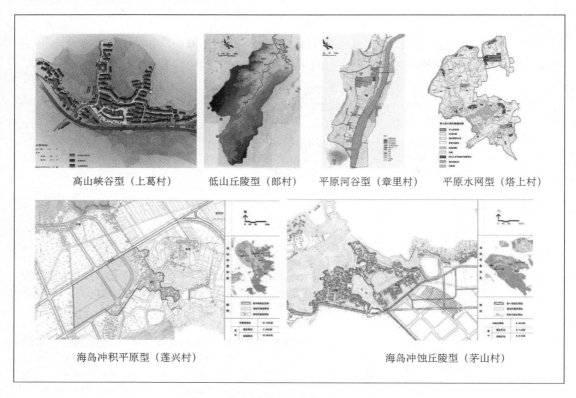

高山峡谷型（上葛村）　　低山丘陵型（郎村）　　平原河谷型（章里村）　　平原水网型（塔上村）

海岛冲积平原型（莲兴村）　　　　　　海岛冲蚀丘陵型（茅山村）

图 4-13　生态环境制约下的乡村样本

（资料来源：课题组绘制）

表 4-5　生态环境制约下的公共空间类型

类型	分布地区	典型案例	风貌特征
条带型村庄	西南部丘陵山区	常山县黄岗村	农居点沿着山麓地带、河流和公路等呈条带状分布，路网形态呈树枝型
触须型村庄	西南部丘陵山区	安吉县大河村	农居点集中分布在狭长的山谷地带，沿着山间小路分布，路网形态呈树枝型
簇群型村庄	西南部丘陵河谷和东北部平原	安吉县郎村	农居点簇群分布，各族群规模在几户到几十户之间，河道和公路交会处规模较大，路网形态呈网络型
河网型村庄	东北部水网平原地区	安吉县章湾村	农居点以水塘为中心分布，路网形态呈网络型，带有明显江南水乡风貌

（资料来源：课题组绘制）

4.3.2　社会环境影响下的聚落空间

　　除生态自然因素对聚落空间有着客观的制约作用外，社会发展中诸多因素的影响也是空间演化的直接动力。在某些社会发展背景下，其甚至可以成为制约聚落格局和建筑形制的主导因素。

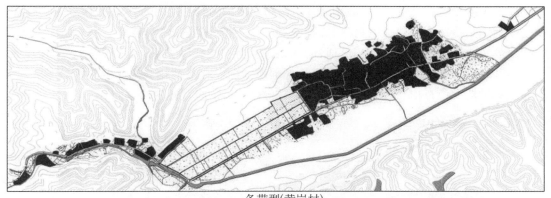

条带型(黄岗村)

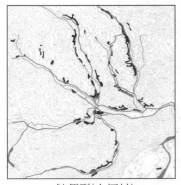

触须型(大河村)

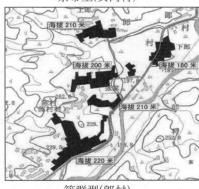

簇群型(郎村)

河网型(章湾村)

图 4-14　生态环境制约下的公共空间类型样本

(资料来源:课题组绘制)

1) 宗法等级的影响

早在周开始就确立了宗法等级制度,历经儒家的不断调整并使之理论化,从而形成一种封建的伦理道德观念,深刻地影响着人们生活的各个方面。从微观的建筑形制、细部装饰到宏观的村镇布局、聚落形态都体现着宗法观念的深入人心。基于这种观念形成的合院式住居形式几乎遍布全国各地。儒家的"三纲五常"等伦理观念表现在社会方面有天、地、君、亲、师等尊卑顺序,表现在家庭内部则为长尊幼卑、男尊女卑、嫡尊庶卑。这种思想对住宅及院落的基本型也具有潜在的约定关系,如北房为尊,两厢次之,倒座为宾,既要体现以家长为核心的有序伦常,又要体现人人唯亲的人性和谐。四合院布局还有一个特点便是能够适应由于家族人口繁衍而引起的住房扩展的需求。一个四世同堂的大家族,往往可以接长子、次子、幼子等关系分出若干序列,每个序列各占据一组四合院,各序列之间则可以并置。这样,尽管家族规模很大,但仅从住房关系看则调理分明[①]。

聚落格局方面同样受到宗法礼制观念的影响。由于传统乡村以宗族、血缘维系社会生活的脉络,反映在聚落形态上,常常以宗祠为核心辐射形成可以聚集村民的公共活动场所,

① 彭一刚.传统村镇聚落景观分析[M].北京:中国建筑工业出版社,1992.

民间的重大活动均在此处进行(图 4-15)。长此以往,其便成为村民认知中的心理和场域的中心。特别是一些规模较大的村落,这种节点往往不止一处,联系形成具有序列层级的空间结构。虽然表面上看似松散,但其反映的却是一种潜在的礼序关系。如,皖南歙县的潜口村(现属黄山市徽州区),村中心设有总祠,其外围还分别设有上祠和下祠及另外两个支祠。聚落的布局虽然灵活自由,但结构和层次却异常分明。(图 4-16)

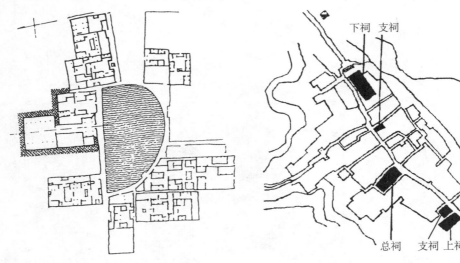

图 4-15   以宗祠为中心的宏村布局平面
(资料来源:彭一刚《传统村镇聚落景观分析》)

图 4-16   皖南歙县潜口村
(资料来源:彭一刚《传统村镇聚落景观分析》)

2)产业格局的影响——环农到分化

小农经济的生产方式辐射出传统乡村聚落环农业的分布特征,自然生态环境决定了农田的集散范围,农田的集散又决定了人口的分布,人口的分布态势从而影响了聚落的空间形态。通常以国土面积作为人口分布密度的计算基数时,分布密度是不均匀的,而从耕地角度上讲,却是基本均匀的,即单位耕地面积上拥有基本相同的人口数量和居住建筑,这是农业范式辐射的结果①。乡村聚落内部的菜园、水塘、果林、道坛等与产业相关的用地占据了相当大的面积,构成了不同尺度的公共空间和类型多样的景观格局。建筑单体中功能布局一样承袭了农业生产的特性,可供晾晒耕作的院子、饲养牲畜的圈棚、堆放农具的柴房等成为乡土生活必要的功能空间。大到聚落分布,小至宅房院落均体现了农耕时期的依存自然经济的传统生活方式。

现代产业格局的调整推动了第二、三产业的持续发展,经济建设成为国家发展的主要路线,仅仅依靠农业致富的乡村比重越来越少。更多的村民依托本村具有优势的资源条件,开始向旅游业、餐饮业、制药业、矿石业等多种方向转型。乡村工业是城乡空间转型的重要推动力②,面临产业的分化与效益迅速提升的现实需求,曾经在以农业生产为主要生活来源的

---

①   丁俊清,杨新平.浙江民居[M].北京:中国建筑工业出版社,2009:32-34.

②   吴群.论工业反哺农业与城乡一体化发展[J].农业现代化研究,2006(1):35-39.

时代所必要的宅院、田园、水塘、耕地,如今已不能成为经济效益的直接转化点。很多乡村在新时期的规划建设中以"私填湿地""开挖山体""占用耕地"等方式作为最终解决方案,不仅使原有丰富的公共空间荡然无存,而且对生态环境产生了巨大的负面作用。乡镇企业的异军突起对建设用地产生了大量需求,人口的增加需要更多的居住用地,在土地资源极为稀缺的情况下集约型发展成为未来的必经之路。但这一切并不意味着要以牺牲耕地和美丽的田园风光为代价,这需要正确的土地政策予以协调。

3)土地政策的影响——分散到集中

由于耕地资源的限制,形成了农业经济的分散性特征,并且很大程度上影响了农业时代乡村聚落所呈现的散点式布局。步入工业时代后,乡镇企业的发展大大增加对土地的需求,然而它与农田以及农居点的布局是密切相关的:居民点的分散引起乡镇企业的分散和土地的分散,而乡镇企业的分散、农田的分散反过来又影响居民点建设的分散,即三分散(图4-17)。村民分散的生活状态使得他们在产业结构已经发生颠覆性变化的时代依旧固守原有的家庭作坊式的生产方式,导致以消费商品、服务化为特征的第三产业发展十分困难,进而削弱相关产业发展对剩余劳动力的吸引。为适应乡镇工业在加速发展时期集团化发展的要求,在空间上必须引导乡镇工业的集中化发展,成为三集中的发展趋势(图4-18)。这样不仅使农田因村落的合并和减少得到复耕和集中,农业发展达到适度的规模经营,农业生产效率得到提高,而且可以减少居民点内市政基础设施的配套费用,节省投资①。

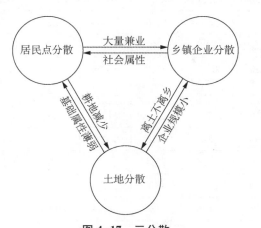

图 4-17 三分散
(资料来源:赵之枫《城市化加速时期村庄集聚及规划建设研究》)

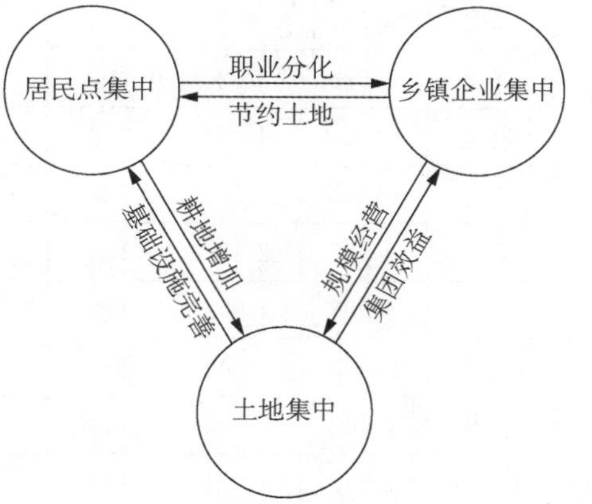

图 4-18 三集中
(资料来源:赵之枫《城市化加速时期村庄集聚及规划建设研究》)

2008年我国颁布了《城乡建设用地增减挂钩试点管理办法》,"增减挂钩"政策在强调确保最严格耕地保护制度的同时,也为新增城市建设用地指标找到一条全新的路径。2010年浙北地区的各县市统一出台了新的土地利用总体规划(2006—2020),"增减挂钩"成为城乡建设用地调整的重要内容和手段(表4-6)。浙北各县市规划至2020年,乡村居住用地缩减率普遍达到20%~40%,从缩减方式来看可分为两种:其一是引导乡村人口向城镇转移,缩

---

① 赵之枫.城市化加速时期村庄集聚及规划建设研究[D].北京:清华大学,2001:71-74.

减乡村人口;其二是通过空间集约型发展,减少人均建设面积。各地的具体情况不同,操作过程也不尽一致。有的地区以缩减人口为主要方式,如余姚人口缩减率至 2020 年将达 48.06％;有的地区则以减少人均建设面积为主,如长兴人均建设面积缩减率至 2020 年将达 40.84％,而人口缩减率仅为 7.84％;同时大部分地区是这两种方式相互结合同时达到缩减总建设用地的目的①。

表 4-6　浙北地区各县市建设用地规划

地区	县市	2005 年建设用地/hm²	2020 年减少建设用地/hm²	2005 年人均建设用地/m²	2020 年人均建设用地/m²	2005 年乡村人口/万	2020 年乡村人口/万	2020 年乡村人口缩减率/％	2020 年农村人均建设面积缩减率/％	2020 年农村总建设用地缩减率/％
杭州	萧山	11 244	1 880	146	120	76.9	—	—	17.92	16.72
	余杭	7 924	3 194	117	94	67.9	50	26.36	19.38	40.30
	富阳	7 029	1 333	137	120	51.4	47.3	7.94	12.26	18.96
	临安	5 779	1 446	156	145	37	—	—	7.15	25.02
	建德	5 971	322	185	467	38.5			9.66	5.39
	桐庐	3 635	518	159	120	32.1	26.1	18.59	24.76	14.24
	淳安	3 745	338	185	123	35	27.6	21.06	33.35	9.03
宁波	鄞州	5 572	3 624	95	40	58.7	49	16.52	57.89	65.04
	余姚	10 134	4 061	156	120	65.1	33.8	48.06	22.93	40.08
	慈溪	10 077	2 165	122	110	85.3	62	27.27	10.42	21.48
	奉化	5 027	2 423	134	119	37.6	21.9	41.72	11.13	48.20
	宁海	5 500	1 952	172	108	32	32.8	−2.66	37.16	35.49
绍兴	诸暨	12 565	3 842	158	120	90.6	79.4	12.31	24.18	30.58
	上虞	7 408	1 195	144	120	52.3	43.5	16.79	16.67	16.13
	嵊州	7 062	2 021	124	111	56.9	42	26.24	10.85	28.62
	绍兴	6 624	2 420	138	104	42.4	40.9	3.45	24.63	36.53
	新昌	3 344	1 218	119	94	34.6	24.2	30.06	20.97	36.43
嘉兴	平湖	5 505	2 972	166	126	25.3	20	20.89	24.38	53.98
	海宁	8 444	6 844	258	53	42.8	30	29.96	79.32	81.05
	桐乡	8 754	3 907	185	147	40.8	33	19.10	20.43	44.63
	嘉善	4 801	2 511	175	138	27.4	18.9	31.01	21.14	52.30

① 林涛.浙北乡村集聚化及其聚落空间演进模式研究[D].杭州:浙江大学,2012:73-76.

地区	县市	2005年建设用地/hm²	2020年减少建设用地/hm²	2005年人均建设用地/m²	2020年人均建设用地/m²	2005年乡村人口/万	2020年乡村人口/万	2020年乡村人口缩减率/%	2020年农村人均建设面积缩减率/%	2020年农村总建设用地缩减率/%
湖州	德清	5 267	1 630	174	110	30.3	33	−8.77	36.52	30.95
	长兴	9 508	4 324	207	123	45.9	42.3	7.84	40.84	45.48
	安吉	6 775	2 306	223	150	36	29.8	17.30	32.74	34.03

(资料来源:林涛《浙北乡村集聚化及其聚落空间演进模式研究》)

4)价值观念的影响——封闭到开放

我国乡村聚落经历了千百年的发展历程,使得其中根深蒂固的基本生活方式和乡土社会的价值观保持了相对的稳定性并得以延续,其可归纳为以下几点[1]:

(1)务实的基本生活理念与传统的功利观;

(2)以家为轴的群体观,个人创造性受到压抑;

(3)安土重迁的地缘观念和保守心理;

(4)重视和谐统一的均平思想。传统价值观念引导村民的建筑营建活动,建筑形态上往往表现为相对封闭和内向的空间组织。

随着产业、文化、制度等社会因素的变更,村民的价值观念被融入了更多的内容,尤其在现代科技和城市生活形态的影响下,村民们开始逐渐意识到现有生活的不足之处并思考改善的方式。但由于信息传播存在一定的滞后性和不完整性,以及固有认知方式的影响,因此这种变化显现出"折中"的倾向,甚至在同一个建筑中就能体现出旧与新的融合。认知的增值与异化程度的不同使其在不同地区表现出利弊共存的特征,但总体上都反映了时代变迁中原本保守、内敛的人文情态正显现出一种开放而包容的发展趋势。

4.3.3　建成环境作用下的空间认知

人的自然属性与社会属性在乡村聚落营建过程中表现为不同的认知方式,从而影响聚落空间环境的产生。环境的意义通过人的行为而产生,并且反作用于人对空间的认知,进而诱导后续的行为活动。这一过程体现村民主体在环境—心理—行为层面的循环演替,同时也反映了自然、社会、聚落对主体认知的共同作用。

4.3.3.1　意象——认知的物化形态

"一切景语皆情语。"清末国学大师王国维在《人间词话》中的这一经典名句道出了中国传统文化中对"情"与"景","心"与"物","神"与"形"的关联认知,换言之,即对"意"与"象"的关注。从传统文学创作到聚落空间营建,移情于景,存心于物,凝神于形,寓意于象,虽表述略有不同,但均是对"意象"手法的凝练。所谓意象,就是主体通过对环境(包

---

① 秦兴洪,廖树芳,武岩.中国农民的变迁[M].广州:广东人民出版社,1999:301-305.

括自然环境与社会环境）信息的同化与调节而创造出来的一种物化形象，是主观的"意"与客观的"象"的统一，也是生态认知与社会认知的统一，是主体认知在聚落空间中被赋予意义的形态表现。

1）地方性

生动完整的聚落建成环境表现出相对独特的地方性，并且能够充当情感中的社会角色，组成村民集体生活的记忆符号，产生地方感。其中既包含区位的地理环境，也包含文化传统。例如，江南水乡以山水为背景，建筑在与环境协调、退让的过程中逐渐形成淡雅、清秀的整体形象，进而也影响了地方传统中"白墙灰瓦"的色彩基调，所谓水墨江南正是意象与地方的整合（图4-19）。又如，西北村落地处黄土高原，自然资源贫瘠，缺水少雨，建造材料受限，进而促成了窑洞风貌的形成，拱圈与黄土成为这一地区的意象符号（图4-20）。同时，环境意象对于主体而言不仅是形式的符号，也是情感深处对家乡的认同和依恋。

图4-19　浙江建德新叶村
（资料来源：课题组拍摄）

图4-20　黄土高原窑洞
（资料来源：课题组拍摄）

2）易读性①

环境的意象不仅在整体上体现了地方化风貌，而且也与村民的生活体验息息相关。一棵古树、一条小街均可以成为村民识别空间的要素，体现出一种意象的易读性。借鉴凯文·林奇对城市意象元素的分类，可以将乡村聚落的空间要素分为三类：线性空间、节点空间以及聚集空间。

线性空间包括道路和水系两类，如滨水地带、绿化带、步行路、小街巷等，承担着游憩、步行交通与空间联系等功能，空间的组织上灵活自由（图4-21）。节点空间一般位于线性空间的局部放大部位，如：村口、道路交叉口等地段；或是人们停留和交往的空间，如廊、亭、水榭等设施；另外，还包括具有特殊意义的场所，如一座古桥、一棵古树、一口古井、一座祠堂等承载历史记忆的要素，在公共空间系统中发挥独特的作用（图4-22）。聚集空间一般是指乡村中面积相对较大的公共活动场所，往往处在公共服务设施附近，能为全村提供集会、观演、运

---

① ［美］凯文·林奇.城市意象［M］.方益萍，何晓军，译.北京：华夏出版社，2001.

院墙　　　　　　　　　　　　　次要道路　　　　　　　　　　　　　入户路

图 4-21　线性空间

（资料来源：《浙江农村地域风貌特色研究报告》）

一棵老树　　　　　　　　　　　　一座桥　　　　　　　　　　　　历史建筑

图 4-22　节点空间

（资料来源：《浙江农村地域风貌特色研究报告》）

动等活动的场地（图 4-23）。三类空间要素往往通过组合与变化的方式形成了场所的独特性。

3）叙事性

空间意象的叙事性可以理解为一种与体验相关的环境意义，人的移动及其知觉经验可以赋予要素意义，因此单纯的功能性进而上升为一种叙事的境域。与现代理性主义影响下的城市功能化的空间相比，乡村聚落展现了一种对功能的模糊表达，场所的意义趋于更加多元化。因此，对人在空间体验中感受的关注应更多地融入其中。从现象学意义上说，强调空

图 4-23　聚集空间

(资料来源:《浙江农村地域风貌特色研究报告》)

间体验成为建筑设计最为本质的东西,只有体验才能产生场所精神①,这对乡土建筑尤为重要。作为能够展现情感与人文精神的乡村聚落,其中最值得关注的便是这种混合的、置于功能意义之上的场所本体,以及在其背后蕴含着的别样的"叙事"空间,它们将建筑与人的关系带入到体验化的表达之中②。此外,空间意象的叙事性还表达了体验应作为一个动态过程,是一种基于使用者观看方式的逐层深入的融合过程。其从侧面体现了村民不仅是场所的体验者,在叙事空间中又构成了意象的主体。

4.3.3.2　尺度——生活情态的标尺

尺度所表述的是聚落与建筑空间的内部或外部、整体或局部之间的比例关系,以及这种关系给予人行为和心理上的感受,人对空间的感知总是以人自身这种感受为参照的。

1) 身体的尺度

尺度之所以成为聚落营建和建筑设计中所参考的重要因子,其根本原因在于尺度与行为身体有直接的联系。从与我国传统建筑相关的人体结构,到达·芬奇创作中的人体尺度(图 4-24),再到柯布西耶强调的人体模数(图

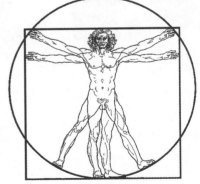

图 4-24　达·芬奇的《维特鲁威人》

(资料来源:课题组重绘)

---

① 郑时龄.建筑空间的场所体验[J].时代建筑,2008(6):32-33.
② 艾侠.文化建筑的空间尺度与叙事性[J].城市建筑,2009(9):14-16.

4-25），无一不体现了身体是尺度的直接参照。沈福煦教授认为尺度是"在建筑设计中以人的身高为衡量建筑物或构筑物大小规模的标准，亦指建筑物或构筑物本身各构件间大小相比的合理性"①。可见，尺度中的这把"尺"便是人的身体，而"度"则是与身体相吻合的相关丈量数值，如门高 2.1 m，窗台宽 0.9 m，踏步宽 0.3 m，等等。每一项数值的确定均遵循着大多数人在使用上的舒适度，恰当的尺度设定反映了营建者对使用者行为的关怀。乡村聚落的营建也基本遵循了这一身体尺度，从街巷之间的石板路的铺设间距到亲水的河岸栈道的高度，从宅门院墙（私人空间）到村口祠堂（公共空间），无不渗透着聚落空间的宜人尺度。（图 4-26）

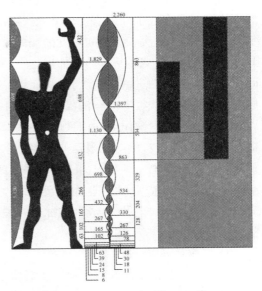

图 4-25　勒·柯布西耶的人体模数图
（资料来源：根据柯布西耶《模度》重绘）

图 4-26　尺度宜人的聚落空间
（资料来源：根据课题组成果文本整理）

2）交往的尺度

生态自然的多样性、农田分布的灵活性都使得自发演进的传统乡村聚落在尺度上呈现出更加丰富的空间层级。尺度上的变化隐含着聚落空间中公共性的变化，大致上呈现出随着公共性的弱化，空间尺度也随之变小。尺度的多样性给人直接带来空间复杂度增强的感受，不仅表现出空间趣味性的增强，而且也是对社会生活交往的提升。与传统乡村相比，虽

---

① 沈福煦.美学［M］.上海：同济大学出版社，1992.

然现代乡村大多数也同样表现出近人尺度的宜人性，但由于土地被过度侵占，在保留主要聚集空间的情况下，次一级空间尺度的缺失带来了复杂度的降低，从而引起交往感受的降低。此外，提供了社会交往基本功能的聚集空间，由于围合空间界面的不完整性而引起大尺度空间在心理感受上的进一步放大化，从而更加凸显空间层级在尺度上的单一性。另外，正如芦原义信所定义的积极空间与消极空间一样，由于外部空间是在自然界中被框框所包围的，所以便建立起从框框向内的向内秩序，在该框框中创造出满足人的意图和实现人的功能的积极空间。相对地，自然是无限延伸的离心空间，可以把它认为是消极空间。空间界面的不完整实际上便呈现出一种相对消极的交往空间。在传统乡村聚落中植被、矮墙、院落通常成为空间界面限定的要素，通过这些要素的组合可以将原本大尺度的空间划分为空间上联通但交往感受上各异的小尺度场所，被称为一种积极的外部空间，是值得在以后的乡村营建中借鉴的。

　　3）观念的尺度

　　虽然多数乡村聚落的空间尺度相对城市而言更加的亲切宜人，但随着经济发展也出现了许多超尺度的建造（图4-27）。建造规模的巨型化早已超出了生活对空间的基本需求，各家之间的竞争与学习使得这一现象愈演愈烈，反映出村民对"高、大、上"的推崇。这一现象的产生可以追溯到传统礼制文化等级制度。《礼记》中关于建造尺度有所记载："有以高为贵者。天子之堂九尺，诸侯七尺，大夫五尺，士三尺。""有以大为贵者。宫室之量，器皿之度，棺椁之厚，丘封之大，此以大为贵也。"高者为贵、大者为贵的思想都使得民众对大尺度宅院趋之若鹜。又有隋唐的《营缮令》记载："三品以下堂舍不得过五间九架，厅厦两头，门屋不得过

图4-27　观念尺度的建造

（资料来源：课题组拍摄）

三间五架；五品以上，堂舍不得过五间七架，厅厦两头，门屋不得过三间两架"，"庶人所造房舍，不得过三间四架"。这体现了对大尺度规模崇尚的同时也严格限制了当时建造尺度的规模化，从侧面也促成了乡村聚落在尺度上的亲人化。

然而，当下乡村在建造过程中虽然也存在诸多土地制度的约束，但对房屋等级的制约却已不复存在。建造的形制、规模、类别更多地取决于建造者自身的财力、物力以及观念，但传统建造中"高大上"的观念也发生着潜在影响。因此，超尺度建筑和空间的出现并非一种偶然，这种脱离了基本生活需求和身体舒适度的尺度形式，可以将其称为观念的尺度。

4.3.3.3　领域——公与私的边界

领域是主体对环境控制感的一种表述方式，"人们总是根据具体的场所来决定领域的控制权[①]"。人的社会属性在不同背景下其行为与活动的属性不尽相同，从而决定了领域性质的不同。领域是主体空间认知的一项重要指标。

1）领域的空间权力

法律确定了土地的所有权，其是具有明确性的、强制力的以及正式的控制力。但是在乡村聚落中往往存在着与之"冲突"的、非正式的控制权，凯文·林奇称之为领域的空间权，并且将其归纳为五种类型：到场的权力、使用的权力、挪用的权力、改建的权力以及部署的权力[②]。

到场权就是指人们有权出现在某一特定的场所，如村民可以在自己的宅院，却无权出现在他人的居室中；使用权是指人们在一个地方具备行为上的自由，在无须拥有空间或其内部设施的情况下便可进行使用，如广场的健身器材，村民们可以使用，却不能将其占有；挪用权是指在拥有使用权的基础上可以对资源进行占用或占有，并通过某种方式禁止其他个体的使用权，如村民可以将衣物置于树之间晾晒、在自家门前堆放物品等，在一定程度上占有了这一部分的土地资源；改建权是指人们可以根据自身意愿对资源做任意的修建行为，但这可能并不是永久的，同时不能妨碍其他人的利益，如村民可以在自家宅基地内根据自身的需求改造加建房屋，但却不能侵占邻里的用地；部署权则是指人永久地拥有资源，并且可以将其转让给其他任何人。

人在行使这五种空间权力时，对资源控制力度的增加存在一定的递进关系，从到场权至部署权实际上是一种由"公"到"私"的渐进，这种变化对乡村聚落中村民领域感的形成是十分重要的，反映出主体行为与空间功能的关联。

2）生活的圈层

领域与乡村生活的圈层密切相关，既是物质环境的圈层，也是人际交往的圈层，同时也是领域的圈层，概括来看包括"宅—院—邻里（街）—村落"的层级体系。在各个圈层之中或之间，人们对领域的空间权力是不同的。宅与院可归于"私"的空间范畴，村民在其中享有包括改建权与部署权在内的所有空间权力；而邻里与村落则属于"公"的空间范畴，村民在这一空间领域内享有到场权与使用权；在院与街的交界处由于村民时常会占用这一部分公共领

---

①　徐从淮.行为空间论[D].天津：天津大学，2005.
②　[美]凯文·林奇.城市形态[M].林庆怡，陈朝晖，邓华，等，译.北京：华夏出版社，2001：145-156.

域,并对环境形成明显的人格化倾向①,使得这部分区域成为具有半公半私性质的过渡空间,并显示出村民对空间的挪用权(图4-28)。同时,院连接着宅与街,宅代表着村民最高层级的私密性空间领域,街则是最低层级的公共性空间领域,因此院自然成为衔接公与私的过渡空间,是一种具有私密属性的过渡空间②。

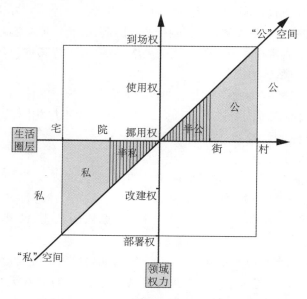

图 4-28   生活圈层与领域权力的对应关系
(资料来源:笔者自绘)

院对于宅而言,是村民私人领域的外扩;院对于街而言,则是外部空间的内收。它不仅承载着日常的生活功能,而且也是村民对空间领域的心理需求。正因为院在功能上和心理上的必要性,一些失去院的宅便将这种需求本能地转移到宅与街的关联处,如门口宅旁的用地。此时,原本由院承载的公与私的边界从一种内部私密性的过渡空间转为一种外部半公半私的过渡空间,由此也带来了生活圈层中空间权力的调整。其中最可能引起的变化部分在于:由于院落的消失,只可能形成宅与街直接关联下的具有半公半私性质的过渡空间,但村民却可能从心理认知上将其替换为曾经具有私密属性的院,使得这种半公半私的领域更多地偏向于私人属性。这种公、私属性的微小变化直接引起宅旁领域的空间权力由原本的挪用权升级为私密性更强的改建权甚至部署权(图4-29),进而造成这部分区域被占用、占有情况的出现(图4-30)。这类现象在乡村中颇为常见,其原因从本质上是村民对院落空间的功能性和领域性的重拾。

3) 模糊的边界

公与私的领域边界与空间边界是相互叠合的,其中涉及的空间权力是复杂而易变的。

---

① 宋月光.基于环境心理学视角的新农村乡村意象的研究——以山东省王因镇新农村建设为例[D].北京:北京交通大学,2012:46-49.

② 李斌.江南民居环境中过渡空间的传承与再造[D].北京:北京林业大学,2011:9-13.

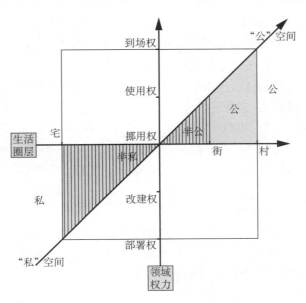

图 4-29　缺少院落的生活圈层与领域权力的对应关系

(资料来源:笔者自绘)

有院子时村名对公共空间的占用情况

无院子时村名对公共空间的占用情况

图 4-30　院落影响下的公共空间占用对比

(资料来源:课题组摄制)

领域之间的相互关联呈现出一种柔性的、模糊的特征。人们移动于"公"共空间与"私"密空间之间,并在这种边界空间中获得个体的空间感受。与西方将权利和义务分得清清楚楚不同,东方的"公"与"私"则不是绝对的概念。公与私是圈层间更替的潜在法则,站在此圈之内与之外所见截然不同。正如费孝通先生所言"公和私是相对的,站在任何一个圈层里,向内看也可以说是公的"。公是私的集合,在更大的圈层内也可以说是私的,私是公的局部,相对于更小的圈层也可以说是公的。"东方的'公'的空间与'私'的空间之间可以相互转化,没有严格的界限。①"村民所认知的公、私空间的边界与住宅所有权的边界之间存在着差异。在

---

① 李道增.环境行为学概论[M].北京:清华大学出版社,1999.

一定情况下,村民的心理边界更多地倾向于向公共领域扩张,形成半公半私空间。公与私空间边界逐渐从原来的物理边界向心理边界转化,"公"共空间中的"私"有这种界线模糊的、无形的空间界定正是东方文化中关于空间的真髓所在①。

然而,我国一些乡村聚落,由于土地稀缺或建造能力的限制或对宅房面积的利益追逐,原本的生活圈层正在退化,其中受侵蚀最为严重的便是院落的格局。曾经可以作为公与私的过渡空间的院落逐渐消失,从宅到街过渡缺少了这一圈层后,使得二者物理边界变得更加模糊。村民心理上向公共领域扩张的倾向诱导私搭乱建行为的发生,传统模糊空间的精神此时已转变成为一种繁乱的乡村景象,因此,需要设计者重新思考和定位聚落格局和院落空间的意义。

4.3.3.4　环境知觉——多位一体的情境

环境知觉可被看作是客观事物在意识中的再现,是对事物的各种属性、各个部分及其相互关系的综合的、整体的反映。知觉的发生依赖于过去的知识与经验,人对环境的认知是从环境中获取信息,由感觉器官与大脑共同进行工作②。

1) 对多元感受的偏爱

心理学家范兹在比较婴儿对各种图形的注视时间的实验中发现:分别面对单纯的圆形、有图案的圆形、印有文字的圆形以及人脸图像,婴儿最为偏爱信息量最高的人脸图像,而对单纯圆形的注视时间则最短。从中可以看出:人自幼就有对复杂、多元刺激的偏爱③。另一项实验来自工业设计师金斯普·李,他将人的各种日常活动按照对不同感官的刺激分别记录,如骑摩托(图 4-31)、吃面条、泡吧、吸烟等,他通过自制的五感图,X 轴代表五种不同的感官,Y 轴则是对五种感官体验的打分,由 0 至 10。最终结果表明融入更多感官刺激的活动内容得到更高的偏爱指数。虽然此项研究的样本有限,但也清晰地反映了人对多元感受的偏爱。卒姆托在设计中十分强调对过去镜像的再诠释,他认为氛围的营造需要融入诸多的体验因素,其中包括环境的光线、空间的声音、空间的温度以及材料的质感等等。这些元素的组合所呈现的变化性和不确定性是形成空间氛围的重要因素④。

2) 情境的多元化

乡村聚落之所以给予体验者别样的

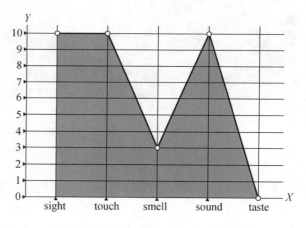

图 4-31　**Jinsop Lee 的五感图(骑摩托)**

(资料来源:根据设计师 Jinsop Lee 演说视频重绘)

---

① 郑颖,谷口元.从领域性研究的视角论"公""私"空间的边界[J].建筑学报,2011(2):91-94.
② 徐从淮.行为空间论[D].天津:天津大学,2005:18.
③ [日]相马一郎,佐古顺彦.环境心理学[M].周畅,李曼曼,译.北京:中国建筑工业出版社,1986.
④ [瑞士]彼得·卒姆托.建筑氛围[M].张宇,译.北京:中国建筑工业出版社,2010:22-32.

空间感受,绝非单一的乡土建筑形态可以完全囊括的。村民对家乡的地方感的形成也是多元感受的综合呈现。王澍设计的世博园宁波滕头村馆对乡土风貌的展示便体现了这种多元化的表达思路。沿乡村馆坡道蜿蜒而上,沿途栽有各类乡土作物和植被,融合了泥土和生命的气息。头顶悬有二十四个形似灯笼的"音罩",或有雷声借代惊蛰,或有鸟鸣借代谷雨。体验者在走廊上所聆听的中国农历二十四节气从立春到大寒的自然之音,分别采集于滕头村二十四节气时自然界的真实声音,充分展示了乡土的质朴气息。(图4-32)

图4-32　宁波滕头村馆内部
(资料来源:笔者自摄)

　　对于展馆中的"乡村生活"而言,可以依靠现代声光电的技术手段还原情境的多元属性。而对于真实的乡村营建而言,则应通过一种多元化的营建思路来表达这种乡土的氛围。生产、生活、生态的相互融入是情境多元化的必要方式,单一视觉化的乡村营建是有悖村民对乡土情境的空间认知的。

4.4　乡村聚落营建的发生机制

　　村民主体认知的三个层面虽然具有各自的特征和意义,但对乡村聚落营建的作用却是统一的,并且体现出乡村聚落营建中具体的发生机制。对机制的总结和提炼对之后构建基于村民主体认知的营建策略尤为重要。

4.4.1　混合生长的聚落风貌

　　乡村聚落营建活动在融入村民主体认知的基础上形成了特定聚落格局,同时作为多维系统互动形成的空间格局又是融合诸多要素于一身的有机混合体,在演进过程中内部要素不断地碰撞、制约,趋于平衡。

　　1) 复杂与扁平同质

　　一般认为复杂性是乡村聚落的基本特征之一,它包含着聚落系统中的自然、社会、经济、文化等因素以及它们之间的竞争与协同,反映了客体要素内涵的复杂性;同时,在关系本位的乡土社会中村民之间的相互联系也是复杂的,关系网络以个体为中心,犹如水波般推及各方,呈现出主体要素之间的复杂性。两方面复杂性的融合均会体现在聚落格局的演进之中,使得聚落格局内涵的复杂性成为必然。另外,通过分析可以发现,实际上,虽然聚落格局的层级、变化都颇为丰富,并且加上不同时期建筑的共存使得乡村聚落不能算是一个简单的空间系统,但即便如此,这种多样性所显现出的特征也是具有意向性的、结构性的并且是以整体形态所展现的。即使再复杂的聚落系统我们仍然可以对其进行结构化的分析和判断。因此,相对其内涵的复杂性而言,其表征则是直观的、扁平化的。同时,鉴于乡村聚落格局的表征与内涵是统一的这一基本事实,可以推论聚落格局是复杂而扁平的有机混合体,它既包含了空间形态基本的外在属性,同样也隐含着包括主体认知要素在内的内在属性(图4-33)。明确了这一关系,便可以通过对相对直观的聚落格局的外在表征进行观察、分析,从而挖掘其内在属性的生长机制,采取有针对性的营建措施,以达到优化乡村聚落整体风貌的目的。

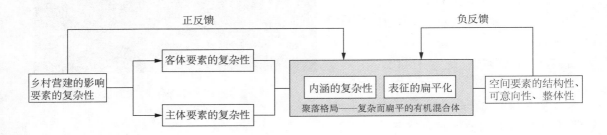

图4-33　复杂与扁平同质的聚落格局

(资料来源:笔者自绘)

2)冲突与包容并存

冲突是一种过程,主体双方中有一方感觉到另一方的行为对自身产生了不利影响或将要产生不利影响时,这种过程就开始了。它描述了从相互作用变成相互冲突过程中所进行的各种活动。一方面,冲突可能引起资源的损耗,资源的利用不是为了实现应有的功能目标,而是消耗在相互的抗争之中。例如,由于地方习俗或观念影响,将对方宅房的进退高低视为对自家的不利因素,由此带来了相互攀比的建造之风或所谓的追求"平等",这一认知上的冲突不可避免地带来资源的损耗。又如,建筑师在介入乡村营建的过程中如果不能正确地站在村民立场上进行设计,也有可能导致后期改建的情况发生,同样是一种资源的无谓消耗。此外,冲突也有着积极的意义,人们为了消除冲突,就会寻求改变现有方式和方法的途径。对解决冲突途径的寻求,不仅可以促进革新的发生,而且可能使得变革更容易被接受。过于平静的行为环境容易导致革新的滞后或演进的静止[①],将冲突维持在一个较低的水平,对保持聚落发展的生命力具有积极作用。

冲突的化解不仅有助于推动革新的发生和观念的转变,而且也反映了一种对差异性的包容。随着时代的变迁,认知结构也在发生着变化,对于外来文化的融入,乡村聚落的整体风貌逐步更替。这种对外来文化、观念的包容不是完全地被同化,而是将其作为添加要素融合于村民本土的认知结构之内,形成新的观念文化、样式以及风格,进而引起聚落整体风貌的演化,其本质也是对本土文化的延续。包容得以实现的前提是差异是微小的或可以被普遍接受的,这便需要设计者在可能引入差异的时候权衡村民对其的认可度。需要注意的一点是,由于大多数村民向往城市生活继而对其加以模仿使得乡村风貌呈现出一种繁乱的景

①　[美]斯蒂芬·P.罗宾斯,蒂莫西·A.贾奇.组织行为学[M].李原,孙健敏,等译.12版.北京:中国人民大学出版社,2008.

象,而不少设计者则更倾向于将其还原为传统的原生态风貌,这样必然形成一种观念的冲突。换言之,如果设计者坚持自身想法,那么便需要将村民对城市生活的诉求转接至具有传统风貌特征的聚落之内,如居住舒适度的提升、公共设施的改善、景观环境的美化等。只有如此才能促使包容的发生,否则便可能产生排异现象。

3) 损耗与增益制衡

村民主体认知结构的差异、城乡文化形态的差异、信息传播媒介的差异等都成为乡村聚落产生波动的影响因素。即便如此,乡村所呈现出的仍是一种相对稳定的发展状态,许多研究认为这种由波动至稳定的变化源自乡村聚落的自我调控能力和修复机能,认为其发展与更新的动力源自系统内部,而只有当外界输入力能调动系统内部因子的活力而又不过多"干扰"甚至"破坏"时,才能保证有机演化的发生[①]。实际上,这种系统内部的动力归根结底在于村民主体的作用以及"人、地、居"的制衡机制。首先,从认知结构的发展来看,认知图式通过同化与调节的作用不断在平衡—不平衡—新的平衡中循环往复,这便影响了在乡村聚落营建过程中由失稳到稳定的变化。其次,"人、地、居"三者的并行发展受制于生态反馈机制的作用,人作为主体因素改变着自然与聚落之间的关系,在正负反馈的作用下三者的发展趋于平衡。

此外,这一过程还表现出损耗与增益并存的特征。面对外来文化的注入,乡村聚落的本土文化均表现出或多或少的消损,同时两种文化的碰撞与融合又增益出新的内容,这是历史发展的必然走向。一方面,固守传统或旧日的"遗产"是有悖于这一发展曲线的,也必然会导致营建方向的偏差。另一方面,地方固有的知识、经验、文化以及环境资源等本土财富是乡村聚落发展的基础,乡村并非代表着落后,城市也并非一定能够代表所有的先进的内容,二者的存在在区域发展体系中均是不可或缺的。那么仅仅追逐城市模式的发展方式也是不可取的。损耗与增益并存的必然性决定了乡村聚落的营建过程应该以一种变化、动态的视角加以理解和分析,在波动中寻找平衡,平衡下思索波动的动因,从而形成适宜的营建对策。

4.4.2　原型自律的居住形态

1) 心理原型与居住原型

原型(archetype)指事物的本源和最初的形式,它既包含形式层面也包含内容层面。瑞士分析心理学创始人荣格指出:"原型是人类原始经验的集结,像命运一样伴随着每一个人,其影响可以在我们每个人的生活中被感觉到。"认知的原型构成了集体的无意识,组成了一种超个人的心理基础,普遍地存在于我们每个人身上,并且会在意识以及无意识的层次上,影响着人们的心理与行为。原型的传播不仅仅依靠传统、语言及迁徙,而且可以自发地在任何时间、任何地点,不依靠任何外在影响进行再现。同时,原型中确定的并非是内容,而是形式但是程度非常有限。唯有在一种原始意象已然成为意识,并因此被填充了意识经验的材

---

① 吕红医.中国村落形态的可持续性模式及实验性规划研究[D].西安:西安建筑科技大学,2005:196.

料时,它的内容才得以确定①。换言之,原型是内在与外在的统一,并且即使是可被把握的外在形式也是易变的。村民心理认知的原型在实践中逐步转化为居住原型的过程,实际上是将意识经验填充于形式的过程,并且居住原型这一富含意义的形式会在村民后续的营建活动中得以体现。

乡村聚落风貌发展和演变的规律根本上是居住原型的"置换变形",置换的内容取决于主体所处时代的价值标准。尽管所呈现的表现形式可能不同,但其中所蕴含的内涵与本质却仍是相通的。从我国众多的民居中均可以发现,在营造方式、空间形态、建筑装饰等方面都沿袭着一些相同的模式:从原型角度来看,那些被大家普遍默认的模式,即原型,具有普适性。它的存在具备其合理的内涵:从物质功能层面看,原型既包含了人们对生活环境的最佳应对方式,也承载着其中蕴含的集体记忆与场所精神。从史学价值层面上看,建筑原型是历史长期经验的积累,可以向人们传递历史以及场所的信息②。

虽然我国乡村目前出现了很多的对某一特定时期建造风格、符号模仿的现象,似乎是一种与传统原型的分离,但是,实际上这种整体风格的呈现也是在对特定原型的重复中发生的,它体现了对同一时期原型的自律。并且,即使是看似"面目全非"的、被所谓的"高档"饰面所覆盖的农宅,也依然呈现着对传统居住原型的部分继承,体现了演化过程中不同时期原型的自律。总体来看,可以将这两种原型的作用形式概括为:共时性自律与历时性自律。

2)共时性自律与历时性自律

共时性与历时性是索绪尔提出的对系统观察研究的两个不同的方向,二者是相对的。共时性强调同时存在的并构成系统的要素之间的逻辑关系。历时性则强调要素在连续发展中的相互关系③。可以将乡村聚落风貌的形成视为居住原型在同一时期作用的结果,而乡村风貌的延续则可以归结于原型在后续过程中的持续作用。

共时性自律:

通过众多的样本采集我们可以发现在相近时期内建成的民宅几乎都存在趋近屋面形式、墙面的砌法、门窗样式以及材质(图4-34)等现象。虽然每个家庭在建造中只对自己的房屋具有控制力和决策权,但由于在建造中享有相似的规则,所以呈现出一种整体趋近的状态。除此之外,一些聚落在格局上也存在同样的相似性,除了自然地貌对格局的外力制约之外,文化观念在营建中起到了自律的作用。如,哈尼族聚落在布局上首先要确立作为神圣象征的"秋千"的位置和"鬼门"的位置,并且以"秋千"和"鬼门"为基点形成乡村格局的轴线,本族聚落在营建中均会以此作为标准④(图4-35)。

---

①　[瑞士]卡尔·古斯塔夫·荣格.原型与集体无意识[M].徐德林,译.北京:国际文化出版公司,2011.
②　魏秦,王竹.地区建筑原型之解析[J].华中建筑,2006(6):42.
③　[瑞士]费尔迪南·德·索绪尔.普通语言学教程[M].高名凯,译.北京:商务印书馆,2001.
④　王昀.传统聚落结构中的空间概念[M].北京:中国建筑工业出版社,2009.

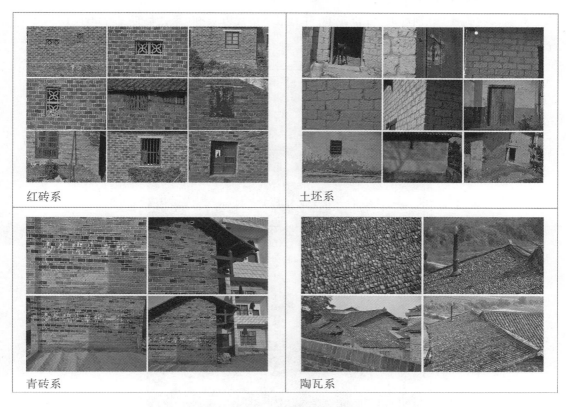

红砖系　　　　　　　　　土坯系

青砖系　　　　　　　　　陶瓦系

图4-34　湖南韶光村建造材质
（资料来源：课题组拍摄）

哈尼族聚落形态示意　　　巴拉寨聚落形态示意　　　曼图老寨聚落形态示意

图4-35　哈尼族聚落布局
（资料来源：王昀《传统聚落结构中的空间概念》）

历时性自律：

尽管共时性自律的作用保证了居住形态的相似性，但是不同时期建筑的共存使得乡村聚落整体上仍然呈现出一种繁乱的状态。风格的繁杂、材质的繁杂、色彩的繁杂等，都表现出一种原型的遗失。然而，在这种似乎无序的表象之下却仍然有迹可循。以河北省保定市博野县谢营村为例,分别选取 20 世纪 60 年代、80 年代以及 90 年代后期三个不同的房屋样本(编号 1,2,3)(图4-36)。

样本1（60年代）

样本2（80年代）

样本3（90年代后期）

图 4-36　谢营村民居样本 1、2、3
（资料来源:笔者自摄）

可以看到随着时代的变迁,建筑形态呈现出明显的差异化倾向,尤其是样本 3 由于所处时代发展的提速最为明显,直接影响了建造者对"现代的""时髦的"样式的追求。外墙工艺由样本 1 中的空斗砖墙,到样本 2 的实心砖墙逐渐过渡到样本 3 的瓷砖饰面(图4-37),从中可以看到经济发展带来的建造成本的提高。在色彩的搭配上也由质朴的暖灰色转变为明度与光泽度都更高的亮白色。同时,门窗洞头的过梁部位的装饰则由立体的层次丰富的样式过渡到平面的,甚至近乎是装饰化的状态。

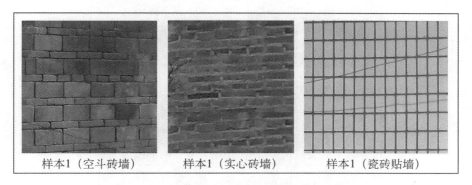

图 4-37　样本材质的差异

(资料来源:笔者自摄)

　　诸如此类差异还有很多,但即便如此还是存在很多方面的延续。首先,三例样本在平面布局上基本都采用了正房三至五开间,配房双开间的做法(图4-38);其次,虽然装饰样式由繁到简,但通过观察不难发现,对于门窗过梁位置的装饰却不曾消失,只不过审美取向更加趋于简洁,样本1通过砌筑的手法对门窗分别装饰,而样本2和样本3由于拱圈门被方正洞口取代,将门窗位置的装饰链接成为一条线形的带,并且由样本2至样本3的变化中可以看出,这种带状的装饰也由砌筑的方式转变为更加平面化的贴面的方式(图4-39);最后,三个样本均为平屋面造型,虽然排水口的装饰在逐渐消失,但排水方式上均采用了檐沟作出水口的自由落水的做法(图4-40)。可见,虽然随着时间的变迁,建筑的形态发生了改变,但是原型却依然存在,只是相对于同一时期原型的作用变得更加隐蔽,反映的是一种历时性的自律。

图 4-38　配房开间的延续

(资料来源:笔者自摄)

3)差异与趋同

目前,谈及现代乡村总会伴随"千村一面""特色缺失"等负面批判论调,而实际上文化的

图4-39　门窗过梁装饰的延续

（资料来源：笔者自摄）

图4-40　屋面排水的延续

（资料来源：笔者自摄）

增殖与异化在各地区的表现方式是不同的，这就意味着地域特征也应该是不同的。尤其是以自发建造为主的乡村聚落，主体认知因素对聚落形态的影响更加明显。于是便有了这样一个问题：既然认为传统聚落是地域特征鲜明的，并且社会人文、地理气候等因素在传统与现代村落形成中都有着重要的影响作用,那么当今乡村聚落的趋同应如何理解?

对传统乡村聚落有深入研究的陆元鼎先生在其长期的乡土建筑研究中将中国民居分为九类:院落式(包括合院式与天井式)、窑洞式、山地穿斗式、客家防御式、林区井干式、南方干阑式、游牧移动式、碉房台阶式、游牧式以及高台式①。分类不仅考虑了气候、地理等自然因素的制约,而且也充分考虑了生产、生活等人文因素影响,其意义在于以整体的视角揭示我国乡土建筑的差异性。以此为基础从中选取其北方合院式和南方天井式进行对比分析,简要归纳二者所呈现的地域差异性与相似性(表4-7)。

表4-7 传统与现代乡村差异对比

要素特征	传统村落		现代村落	
	北方合院式民居	南方天井式民居	北方乡村	南方乡村
地理气候	地处平原,地势平坦,气候寒冷、干燥,日照时间短、强度低	地处平原水乡,气候湿热、多雨,日照时间久、强度高	同传统北方村落地理气候特征	同传统南方村落地理气候特征
生产生活	以农业为主要生产方式,以血缘、亲缘作为生活纽带	同左	由农业向第二、三产业逐步调整,城镇化程度比南方低,血缘纽带弱化	产业发展多样,特色产业分布广,城镇化程度较高,血缘纽带弱化
结构材质	砖木结构体系,以砖、土作为维护结构,坡屋顶瓦屋面	同左	砖混或框架结构体系,砖石作为维护结构,瓷砖饰面,平坡屋面并存	与北方乡村结构体系相同,但饰面材质普遍更加精致,瓷砖饰面,坡屋面
空间格局	以合院为中心布置房间,内部开阔,外墙封闭,布局严谨,均为单层	以天井为中心组合平面,外墙很少开洞,布局较为灵活且以二层居多	以院子为中心布置房间,内部开阔,外墙封闭,布局趋于灵活,单层居多	天井缩小甚至被交通核代替,外墙开放,布局灵活且紧凑,以多层为主
总结	南北院落式民居虽然在整体布局和建筑层数上呈现出诸多差异,但二者之间的相似性也是十分明确的。因此,传统村落所谓的特征鲜明仅仅存在于局部的微小差异		南北乡村在各个层面所反映出的相似性不比传统村落更多,差异性方面也表现出对传统一定程度的继承。可见,现代乡村聚落所谓的趋同并非当下独有	
	无论传统村落还是现代乡村,差异性与相似性是并存的。但不可否认,地域性的美学特征正在减弱,并且在原有地域性的基础上正在增殖、异化出新的地域特征			

(资料来源:笔者自绘)

① 陆元鼎.民居史论与文化[M].广州:华南理工大学出版社,1995.

　　从表 4-7 可见,对于南北乡村聚落而言,无论传统村落还是现代村落都表现出一定程度的差异和相似,现代乡村虽然包含一定的形式趋近,但这种趋近在传统乡村聚落中也是普遍存在的。现代乡村建筑虽然失去了传统聚落那种质朴的美学特征,但在各个地区却都在一定程度上继承了原有的格局,如北方村落继承了低矮合院形式,而南方村落则由天井式向垂直方向发展。刘致平先生在《中国居住建筑简史:城市、住宅、园林》中将民居形态和分布归纳图示(图 4-41),可以看出我国民居建筑虽类型多样,并且图中所提取的也是最富代表性的,但在建筑布局、结构、材质等方面也都呈现出一定的相似性。可见,所谓现代乡村的"特色缺失"实际上是建立在认同传统聚落形态即为特色的基础上的主观判定。需要指出,这里并非要为现代乡村中存在的某些"病态"的地域特征辩护,而是为了更加清晰地认识当前乡村聚落所面临的实质性问题。

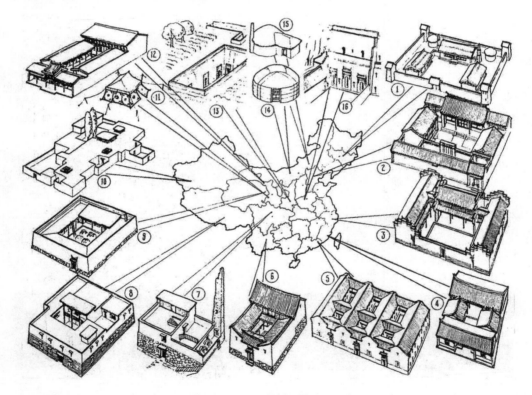

图 4-41　各地民居汇总

(资料来源:刘致平《中国居住建筑简史:城市、住宅、园林》)

　　由于村民传统认知结构存在地域性差异以及新时期地域信息传播的不同步,作为差异层面的地域性是一直存在的。但是,认知发展过程中信息的变异又使得作为文化层面的地域性失去了原有的活力。对地域性的研究特别是针对乡村聚落而言,关键不是紧握传统不放,片面地将地域性塑造理解为"古今比较"的僵化过程,而是应立足时代,通过横向与纵向结合的分析方式,关注不同地区主体认知变更所带来的需求意识、生活方式、行为特征的变化。同时,应正确看待趋同现象甚至利用它,发现并理解不同地域乡村聚落中蕴含的微小差异,其中往往隐含着居住者对生活最真实的理解和地域特征中本质的细节。

4.4.3　低技高效的建造方式

　　乡土建筑在经济成本和环境成本上的消耗都远低于城市建筑的造价,其原因很大程度上归结于自发建造模式的低技术与高效率。这种特征体现在建造的各个层级,包括聚落布局对地形的适应、建筑造型对气候的应对、对材料特性充分的发挥以及建造方式本身在信息和能量转换上的高效模式。

　　1)灵活适应原有地形

　　乡土建筑在选址上趋吉避害,注重宏观决策,村民针对不同场所各自的特点进行适宜的改造、营建。在山地丘陵地区,其通常采用构筑台地的方式协调建筑与山体之间的关系,充分保留山体植被(图4-42)。雨水较多的地区,村民会选择地势较高处建造房屋,并通过架空层的方式通风防潮。沿山道路步道的建造也最大限度地与地形契合,形成灵活自然的景观栈道。在平原水网地区也同样采用了一种顺应水体特性的建造方式,充分利用水体形态的多样性构筑滨水空间,并且将其作为公共活动交往的核心场所,强调滨水空间的重要性。聚落整体布局上习惯亲水而居,但在建筑建造中又会通过架高或退让的方式与水保持一定的距离,体现了一种既亲水又避水的特征。在需要对水体进行改造的地段,如修正河道或局部架桥,采用了一种疏导和最小距离的原则(图

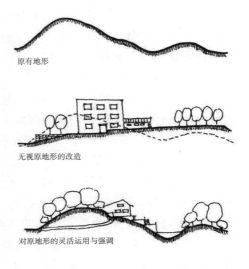

原有地形

无视原地形的改造

对原地形的灵活运用与强调

图 4-42　灵活适应地形
(资料来源:课题组绘制)

4-43),从而保证了水体的稳定性。村民们通过对地形肌理的微小调节,展现了一种传统的共生的营建方式。

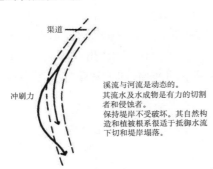

渠道

冲刷力

溪流与河流是动态的。
其流水及水成物是有力的切割
者和侵蚀者。
保持堤岸不受破坏。其自然构
造和植被根系很适于抵御水流
下切和堤岸塌落。

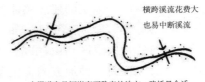

横跨溪流花费大
也易中断溪流

在渠道窄且河岸高而稳定的地方,建桥最合适。
而水浅多碎石的地方,涉水而过就可以了。

图 4-43　顺应水体特性
(资料来源:课题组绘制)

2）建筑形式的组合与利用

我国各地不同风格的传统民居,如合院式、窑居式、天井式、干阑式等,都表现出通过建筑形式的组合应对外界环境的特征,不仅利用低技术的手段提升居住的舒适度,而且这也是一种适应灾害环境的反应,本质上是一种以变应变、顺应自然的外在表现。建筑形式组合方式的不同可以适应不同的气候要素,如温度、太阳辐射、风、雨水、湿度等。建造者通过对建筑朝向、间距、密度和总体布局的控制,获得合理的日照、采光和通风。院落与天井可以作为室内外过渡的缓冲区域,利用其自然采暖和空调效应改善室内热湿环境。虚实结合的建筑形体可以减少室外气候对室内物理环境的影响。利用建筑单体的平面布局和空间设计组织良好的自然通风,以及结合建筑形体上的凹凸进退关系实现自遮挡,有效地抵挡太阳辐射热。这种通过对自然能源的充分利用营造室内物理环境的做法对环境负荷较小,可以实现与自然相融合的状态。尽管室内物理环境并不一定达到绝对舒适的标准,但却基本符合人体生理健康的变化规律①。

3）充分发挥地方材料

建筑材料和构造具有良好的环境性能,村民在材料的选取上十分重视材料的经济性,就地取材,因材施工,在建筑的不同部位采用不同的材料,充分发挥材料的特性。如,传统建筑的墙体,下部用砖石,上部用夯土或土坯,墙面抹灰或贴防水材料,檐部复用砖瓦,物尽其用并产生丰富多彩的艺术效果。在结构选材上木材与砖石是最重要的建造材料,并且通过二者不同的组合方式达到坚固结构、消减灾害的作用,以外砖石内木构防风、下砖石上木构防洪涝、木构与砖石相间防火、木构与砖石相分防震②。

土、木、竹、砖石作为乡土建筑的基本材料有着各自的特性。生土建筑在我国有着悠久的建造史,代表类型有黄土高原窑居、新疆阿以旺民居以及福建客家土楼等。土具有良好的热工性能,热惰性要优于砖石墙体。木材作为一种在生长中吸收二氧化碳、可以固定二氧化碳的生物材料,恰恰是降低碳排放、实现碳中和的绿色建材。而且木材成为大尺度构件时抗火性远好于钢。竹子之所以成为建筑材料取决于其低廉的成本,经济耐用,同时占用较小的空间。竹子的抗震性能尤为突出,具有极高的韧性,并且其成材周期仅为 2 至 3 年,是一种可持续性极强的建造材料③。除此之外,"宁可食无肉,不可居无竹"的居住观也体现了竹材已经超越了一般建造材料的物理特性范畴,同时承载了居者的文化属性。对石材的使用更为普遍,根据建筑年代和地区的差异,砌筑方式和材料的组合有着丰富的变化。从早期的利用不规则天然石材层叠砌筑的建筑墙体到标准砖石的建造方式,体现了技术进步对建造方式的作用,但原则上都是采用经济优先的选材方式。如福建民居中"出砖入石"的建造方式就是对当地材料的最大限度利用,虽是一定经济水平下的产物,却无意中创造了一种别具一格的建筑形态甚至成为一种地方的文化图腾(图 4-44)。

---

① 赵群,周伟,刘加平.中国传统民居中的生态建筑经验刍议[J].新建筑,2005(4):9.
② 郑力鹏.建筑防灾设计的若干方法[J].华中建筑,1999(3):99-100.
③ 李慧,张玉坤.生态建筑材料竹子浅析[J].建筑科学,2007(8):21-22.

4）自发建造模式

自发建造模式是乡土建筑得以形成和延续的根本手段，其自身有着固有的优势。第一，自建模式动员和使用的建造力量是乡村社区中的"富余劳动力"；建造者与使用者的统一或默契关系使得建造者成为建造的真正"管家"，从而使建造成本最小化。第二，相对于城镇地区以及大规模的统一建造，自建模式中各种工作及转换之间的距离最短，如工作、休憩、娱乐等行为之间的转换。第三，建造材料就近取得，直接使用到建筑上而不需要在外地加工，从而保证转换距离及过程的最短和最少。第四，通过"自我建造""共同建造"的过程及其现代转换，社区的"自我造血能力"可以得到培育和提高，村民的契约意识和法理意识也将得到增强，并最终形成乡村或地方社会的经济内动力①。

图 4-44　福建民居"出砖入石"

（资料来源：课题组拍摄）

4.4.4　微观诱发下的宏观涌现

乡土社会中差序格局的生活脉络决定了村民在社会交往中仅与最内圈层的人群存在最为紧密的关系，并且相互影响的程度也是最大的。这决定了村民在生活行为与营建活动中只可能从局部的、微观的视角出发进行判断，然而正是这种看似随机的自发建造却在时间维度上使乡村聚落逐步涌现出具有整体意象的风貌形态。

1）涌现机制

涌现可以理解为一种由低阶到高阶的进化，是微观改变集聚积累到一定程度后宏观系统发生结构和机制的突变，是主体由量变到质变的过程。涌现理论（Emergency）产生于系统科学，奠基人约翰·亨利·霍兰德（John Henry Holland）在其著作《涌现——从混沌到有序》一书中对涌现的特征给出这样的总结：简单的近乎荒谬的规则能够生成固有的涌现现象；涌现现象是以相互作用为中心的，它比单个行为的简单累加要复杂得多。涌现的产生是某种看似随机的简单规则之间相互作用，主体间通过合作、学习、竞争，随之发生对规则的相互适应。相互适应的过程具有联动的耦合特征，这就使得涌现的整体性要比局部特征总和复杂。在涌现生成过程中，尽管规律本身不会改变，但规律所决定的事物却会变化，因而会存在大量的不断生成的结构和模式。如同游戏一般，规则是恒定的，但参与游戏的主体则会衍生出无穷的变化。

2）涌现的"序"

乡村聚落的整体风貌是大量单体及其细部在营建的积累中逐步涌现的结果。村落中大

---

① 王冬.乡土建筑的自我建造及其相关思考[J].新建筑,2008(4):18.

量建筑是由村民自主决定其建造方式和建造内容,形成各自独立的单元结构,与设计人员整体部署的、带有预见性的成果很不相同。虽然这种形成方式中各单元或局部本身可能微不足道,但微小的汇聚所涌现出的宏观特征是不容忽视的,其中蕴含着质朴的建构方式和对生活方式真实的理解。自主建造单元之间的相互学习、合作甚至竞争,逐渐形成某些特定做法和价值取向上的认同。这种由局部裂变所引发的整体协同的现象,可解释为协同学的核心概念"序参量"。协同学创始人哈肯认为,"无论什么系统,如果某个参量在系统演化过程中从无到有地变化,并且能够指示出新结构的形成,反映新结构的有序程度,它就是序参量"①。首先,"序"是一种宏观状态,是表示形成模式的有序程度的参量;其次,"序"一旦形成便会波及更广的范围,促使范围内的微观特征不断得到强化;最后,存在于系统中的"序"并非唯一,微观特征在被强化的同时也可能受其他"序"的作用,从而导致部分特征的变异,并且这部分变异的特征又会融入原有的"序"之中,产生新的"序"。在此变化演替过程中,"序"的内容不断得到丰富。但即便如此,"序"仍然是一种可维持特征的变量,但其变化幅度是十分微小的。

　　3)从众与攀比

　　序参量强弱的不同所波及的范围是不同的,文化与本地习俗都是一种"序",但文化波及的时间、空间范围都更广泛。"在一个无关紧要、无所谓的问题上,在根本不触及人们的实际个人利益的场合,多数人会同意众人的意见"。特别是在材料、色彩、形式等要素可以选择的种类相对有限时,这种由竞争产生的协同更容易展现出来。杭州郊区每户农民的自建房都标新立异,以避免与周边农宅雷同。但与每栋单体的刻意求新相对,整体上展示出一种与其他地区不同的特异性。所有的变化,包括那些刻意为之、企图引起别人注意的手段,统统淹没在地域建筑的整体变化之中②。(图 4-45)

图 4-45　杭州郊区农宅

(资料来源:课题组拍摄)

　　4)情结的形成

　　伴随着"序"的逐步强化,主体便会将其转化为一种物象与心象的集合体,赋予它某种特

①　吴彤.自组织方法论研究[M].北京:清华大学出版社,2001.
②　卢健松.自发性建造视野下建筑的地域性[D].北京:清华大学,2009.

定的情感基调，即情结(complex)。情结源自原型的核心，属于一种"自主性"的存在，它可以与我们的整体心理系统保持联系①。当情结被触发，不管人们是否能够意识到，它都会对人们的心理和行为产生极具感情强度的影响，甚至是"主导性"的作用，从而直接使村民在建造中对某种做法产生特定的偏好。当村民面对的问题同时存在多种有效解决方法时，情结的作用会使建造者对某种特定的方式产生无理由的偏好，并在长期的重复中形成经验，主观上表现出一种对过去行为的认同。当这种个人的认同逐渐扩散成为地方群体的认同时，便会形成最初的"原型"。通过在长期的生活和建造活动中的相互模仿甚至攀比，"原型"又会促使新的序参量形成。乡村聚落的地方性就是在这种循环往复、不断强化的过程中逐渐形成的。

4.5　本章小结

在乡村聚落营建的过程中，村民主体与外部环境不断地进行信息交换，一方面这使得村民形成了关于生态自然、社会人文以及聚落空间不同层面的认知图式，另一方面这种认知图式也在持续地对外界进行信息反馈，影响着聚落的营建活动。本章主要着眼于空间营建与主体认知间的相互关系，对认知的发展脉络和影响因素进行解析。在生态认知方面探讨了村民的生态构建观以及人地关系变迁中认知的转变。在社会认知方面总结了乡土社会的生活脉络、交往秩序与礼俗文化等方面固有的，并且延续至今的认知方式，同时分析了社会变迁中认知变更的动因以及由此出现的文化的增殖与异化现象。在空间认知方面分别归纳了生态环境与社会环境对聚落空间形成的制约和影响，并且在此基础上从意象、尺度、领域、环境知觉四个方面解读了建成环境对空间认知的作用和意义。最后，结合聚落空间与村民主体认知的内在关联，从混合生长的聚落格局、原型自律的居住单元、低技高效的建造方式三方面剖析了乡村聚落营建中的深层规律，并且论述了乡村聚落整体风貌的形成中由微观到宏观转化的作用机制。

---

①　［瑞士］卡尔·古斯塔夫·荣格.原型与集体无意识［M］.徐德林，译.北京：国际文化出版公司，2011.

5 基于村民主体认知的乡村聚落营建策略

基于村民主体认知研究的核心意义在于营造出满足人类聚居基本需求的居住环境。上文分别从生态自然、社会人文、聚落空间三个层面解析了村民主体的认知图式以及乡村聚落营建的发生机制,下文将以此为基础针对性地提出各层面的营建策略,并且贯穿以下三个基本思路:

(1) 对于优秀的经验与传统,给予学习和继承。

(2) 对于固有的人文与风俗,给予尊重和理解。

(3) 对于变迁中的转变因素,进行判定、把握和梳理。

5.1 乡村聚落的生态自然构建策略

乡村聚落的营建必然依托于一方水土,人们的生存繁衍与之息息相关,同时其也是聚落文化产生的立足点。居住者择地而居,既享用着自然环境提供的物质资源,满足自身的生活需求,又受到环境的制约,影响聚落空间的营建。自然生态赋予了乡村聚落天然的空间特质,其间渗透着居住者在营建中对自然最质朴的回应,承载着最初的生活方式。

然而,时代的变迁与技术的进步使得环境的决定意义在慢慢被削弱,对于营建而言,人们具有更高的自由度与更低的选择限度,从而引起生态认知图式发生相应转变。建造技术的提升与科技的普及不仅带来了生活条件改善的现实状态,而且改造的力度由弱变强甚至发展成为一种不可逆转的破坏行为,这为发展的不可持续性埋下了隐患。那些在利益驱使下的对环境蓄意的重写只能是时代的倒退。因此,在乡村聚落营建过程中应充分认识到传统聚落营建策略中值得继承的部分,深入研究彼时村民的环境观,从中吸取机制性手段,并且要立足当下结合现代化建造技术对传统手段进行再整合与再利用,创造性地完成传统到现代的延续,最终实现对生态自然良性持续发展引导的目的。

5.1.1 "共生"环境观的延续

在人地关系变迁的过程中,人类逐渐从最初的"依附者"转变为"征服者",人们从环境中更加快速、便捷地获得更多物质和能量的同时也释放出更多的废物。这种单向的发展方式必然会引起聚落生态系统的失衡、退化,以至威胁居住者的生存。在人、地、居三者形成的聚落生态系统中,人作为聚落的主体应自觉地调控自身行为的利害关系,在生态系统的阈值内作为。在一个选择限度趋低的时代,人们行为的自由度无限扩张,原本自给自足的生活方式逐渐被打破,利益驱动下的过度建造使得乡村物质资源的延续状况堪忧。与城市相比,乡村聚落虽然规模较小,但更加贴近自然,以农业为主的生产方式使得村民的生产生活与土地发生直接的联系,环绕村落的农田、森林、湿地都是人们赖以生存的生态资源,同时也是保障城市人口生存的必要条件。因此,乡村聚落生态环境的意义不仅在于一种生活品质的上层追求,而且还在于生存供给的基本需求。生态、生产、生活之间的相互调和应成为将来乡村聚落发展的理想方向,也是"共生"环境观的延续。它表现出以下特征:融于传统认知的环境观、有机持续的环境观、生态经济学视野下的环境观。

1) 融于传统认知的环境观

我国传统乡村聚落的演进中素有人地共生的建造思想,虽然这一思想产生于科技并不发达的农耕时代,当时的建造方法完全依靠居住者对环境的认知和过往的经验积累,但是就在这种诸多限制条件下先人们摸索出了一种人与自然相协调的乡村构建方式。其中包含了基本的环境意义,也包含着传统聚落营建的哲学思想。生产力的发展使得这种人与自然和谐的环境观逐渐退化,取而代之的则是变本加厉的改造甚至破坏。其后果也渐渐显露,生态环境的恶化对人们生活的影响日益明显,雾霾、泥石流、荒漠化等自然灾害都使得生存环境面临巨大的威胁。反思数个世纪的乡村发展历程,人们开始意识到只有遵循客观规律,与自然和谐共生,才是保证家园稳定、造福子孙的途径。而这种"共生"的思想正是根植于传统认知中的环境观,在新的视野下重新审视发展的方式,通过合理适宜的技术运用赋予这一古老思想新的内涵。

2) 有机持续的环境观

共生的环境观值得在当代借鉴的根本意义在于:一方面,它代表了一种可持续发展观,将聚落视为一个连续发展的过程,不仅关注乡村营建之初的状态,还将后续的生长过程纳入考虑的范围。另一方面,在共生理念下产生的聚落形态是与环境有机结合的,建筑形态表现出与所处环境的关联性、灵活性和完整性。每一个局部都清晰地反映出整体的特征,但每部分又都是相对独立和有机联系的。正因为这种在形态中表现出的强烈的同构性,可以通过其中众多要素的集合寻找相互关联,并且包含着可以解释形态发展和演变的完整信息。它提供给研究者理解聚落发展脉络和演进模式的依据,也是进一步挖掘乡村聚落可持续发展模式的条件和基础①。

3) 生态经济学视野下的环境观

生态经济学是研究经济和生态复合系统的学科,强调生态资源决定了经济发展的最大限度,经济发展需要与生态系统的整体结构、功能和演变规律相协调。其目标是建立一个可持续发展的生态经济复合系统,使其既可获得较高的经济效益,又有利于自然循环的良性发展②。生态经济学讲效益,但强调的却是基于更大范围内自然生态和社会生态优化前提的效益,这是一种适度的效益。著名经济学家舒马赫(E. F. Schumacher)所提出的"小的是美好的"便是关注一种与事物发展相适应的规模和尺度③。这与共生环境观所传达的思想不谋而合,对环境的适应和对场地的最小改造都表达了生态经济学所追求的适度效益以及可持续的、复合的发展原则。

① 吕红医.中国村落形态的可持续性模式及实验性规划研究[D].西安:西安建筑科技大学,2005.

② 黄献明.绿色建筑的生态经济优化问题研究[D].北京:清华大学,2006:50-52.

③ E. F. Schumacher. Small is beautiful:economics as if people mattered[M].Vermont:Chelsea Green Publishing Company,1989.

5.1.2　适宜性生态技术的发展

"共生"环境观的延续可以作为乡村聚落发展的思想支撑,而在具体的营建实践中则应依靠其中蕴含的技术能力。"建筑对气候、资源、地理、生态等自然因素与经济、社会、民俗等人文因素的应对,如同生物一样反映着特定地域遗传信息的特质。"①对于乡村聚落营建技术的发展而言,其应基于这种特定的地域基因,通过对传统技术的把握将其衍生为符合现代生活的适宜性技术。

1) 高技倾向与低技倾向

高技与低技代表了在建造中对待和使用技术的两种差异化倾向。高技倾向是现代主义建筑中的一个重要流派,代表人物有伦佐·皮亚诺、诺曼·福斯特等人。具有高技倾向的设计提倡使用新型材料和工业化预制的建造方式,强调系统化设计和参数化设计,在建筑形态上力图表现一种高度机械化的美学效果。低技倾向的称法是相对于高技倾向而言的,没有具体的代表人物。这类建筑通常表现出鲜明的地域特征,多采用本土材料和建造技术,强调建造实施的公众参与性,并且造价低廉。两种技术倾向不存在孰优孰劣,低技并不是落后的、低水平的,高技也并非完全代表先进与潮流。高技与低技的选择应根据不同的环境和情况因地制宜。在乡村聚落的营建中不论采用哪种技术手段都不应脱离当地的实际条件,包括社会的、经济的、环境的等,并且低成本、易实施应是二者共同的前提。那么此时,二者之间的界限也应趋于融合。

德国女建筑师安娜·海林格(Anna Heringer)在孟加拉国设计的手工学校可成为低技倾向的典范。称之为手工学校不是因为它是做手工的学校,而是因为它是完全通过手工建造的学校。低廉的造价与源自本土的硬件技术,即使是没有受过专业训练的人员也可以参与建造。这座建筑完全采用当地的竹子和黏土作为材料,并且具备良好的抗风防水能力,遍布整个二层的百叶窗可以调节光线,以保证温度的适宜,从而提供给师生舒适的工作学习环境。

华中科技大学先进建筑实验室主持人穆威建造的石榴居同样是以竹子作为建造原材料。虽然他也将关注点聚焦在乡土建筑的便捷建造上,但其手法却表现出一种高技的倾向。石榴居最突出的两个特点是:①采用了胶合竹作为结构材料;②整体预制的建造体系。胶合竹是一种新型的竹质复合材料,除了具有普通主材的速生、环保、节能等特点外,其特殊的生产工艺还使其硬度是同等厚度普通木材的 100 倍,抗拉强度是木材的 1.5 至 2.0 倍。其具有防水防潮、防腐防碱等特点,并且可以形成标准化构建和作为结构材料使用,同时还包含了东方的气质。此成果由中国林科院王正教授研发,虽然早在 2006 年就获得了国家科技进步一等奖,但却没有得到足够的重视和良好的应用。穆威发现了这一材料的潜力并将其用于新型结构体系的实验,石榴居由此诞生。这个位于华中科技大学校园内部的建筑,所有构件均在工厂预制,通过现场装配而成。整个建造过程仅由二十多名学生志愿者和少量工人在

---

①　王竹,魏秦,贺勇.地区建筑营建体系的"基因说"诠释——黄土高原绿色窑居住区体系的建构与实践[J].建筑师,2008(1):30-31.

二十五天内完成①。虽然石榴居不能算真正意义上的乡土建筑,但其所关注的本土材料的再生、集体参与、快速建造等问题却体现了对广大乡村营建中的实际需求的关注,是具有乡土适应力的建造模式。

2）主动式技术与被动式技术

主动式技术是指通过机械设备的干预手段为建筑提供采暖、空调、通风等舒适环境控制的工程技术。被动式技术则是指以非机械设备的干预手段满足建筑能耗降低的节能技术,具体指在建筑规划设计中通过对建筑朝向的合理布置、遮阳的设置、建筑围护结构的保温隔热技术、自然通风等手段满足人体舒适所需要的温度、湿度和光照等需求。值得注意的是,以上两种技术同高技与低技一样没有先进和落后之分,采用哪一种技术完全取决于利用资源效能最大化和介入环境影响最小化的原则,倡导的是一种适宜性技术。

在城市化进程带来的环境恶化、资源消耗日益严重的今天,为避免乡村遭遇同样问题,生态适宜性技术应始终贯穿其中。在经济条件、技术水平和地域技术共同作用下采用以被动式技术为主、主动式技术为补充的适宜性技术集成模式是基本原则②。

①利用适宜性技术解决农村的环保问题,推荐使用家用小型"人工湿地污水处理"。②提高被动式节能技术的使用意识,在户型设计时充分考虑自然通风和建筑遮阳,引导村民进行有效的绿化,建议在主要使用空间前附加阳光间。③政策性引导使用太阳能热水器。④发展新型的建材技术,鼓励使用地方材料。

3）乡土原生到生态可持续

就地取材、因材施工是乡村聚落自发建造的重要内容,在建筑师参与营建的过程中积极剖析传统的优良方式,融入适宜性建造技术,不仅是对乡村聚落地域风貌的可持续,而且也是生态环境和经济发展的可持续。

西安建筑科技大学的绿色窑居研究团队,依据窑洞这一古老的居住形式的生成机制和作用原理,通过引入现代科学技术,使其在保持传统窑洞冬暖夏凉的基础上最大限度地提升了居住者的生活品质。窑洞的改良采用了主动式与被动式技术相结合的方式,利用太阳能集热板提供热水,通过阳光间的设计保证冬季室内温度的舒适。针对传统窑洞室内光线昏暗的缺点,绿色窑居利用圈梁和楼板的结构关系,使之上下错层,使光线可以照入内部。并且在窑洞的尽端增设了通风竖井,解决了空气循环和除湿的问题。另外,在许多细部的处理上均体现了生态可持续的理念,如双层玻璃和保温窗帘用于维持室内的热环境,种植屋面用于调节建筑微气候,开发生态型砌块等,从而使窑洞从原生的乡土形式进化成为一种生态可持续的现代居住形式③(图5-1)。

一些国外建筑师在乡村实践中也体现了相似的生态路径。如埃及建筑师哈桑·法塞在设计中侧重于对传统建筑进行再发现,从建筑影响微气候的七个方面,即建筑的形态、建筑

①　穆威.石榴居[J].世界建筑,2013(7):115-119.

②　王竹,范理杨,陈宗炎.新乡村"生态人居"模式研究——以中国江南地区乡村为例[J].建筑学报,2011(4):22-26.

③　王竹,魏秦,贺勇.地区建筑营建体系的"基因说"诠释——黄土高原绿色窑居住区体系的建构与实践[J].建筑师,2008(1):32-33.

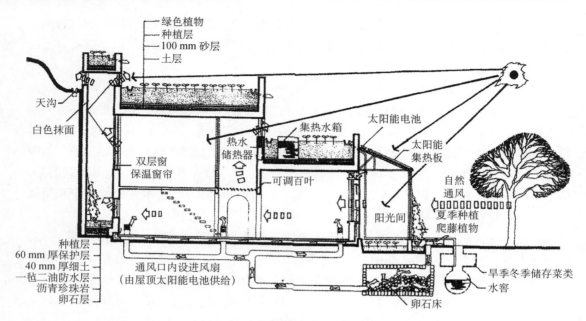

图 5-1　绿色窑居的生态营建模型

（资料来源：王竹等《地区建筑营建体系的"基因说"诠释——黄土高原绿色窑居住区体系的建构与实践》）

定位、建筑空间的设计、建筑材料、建筑外表面的材料肌理、材料颜色、开敞空间的设计（包括街道、庭院、花园和广场等）[①]，分别对传统建筑设计进行了评价并提出新的策略。在他的代表作高纳新村的设计中，不仅摒弃了将城市模式引入乡村的方式，而且也不是呆板地将旧村的建筑风貌移植进新村，而是将村民的生活作为传统文化的载体，将住宅作为新村的最基本单元，将人体舒适度作为设计的核心环节。通过对传统构建的发掘和完善，创造出生态宜人的居住环境，如法塞通过对捕风塔的改良（捕风塔是欧洲传统建筑中承担通风工作的装置，可将高处清凉的气流引入室内，并将室内的热空气从其顶部导出。捕风塔通常建得较高，犹如烟囱），在其内部放置一些倾斜的金属盘并在里面放上被水浸泡过的木炭，通过捕风塔的气流便会在这个装置的作用下冷却下来。高纳新村教室内的温度甚至可以在此装置的调解下降低 10 度[②]。

5.1.3　生态景观评价的落实

乡村聚落的生态景观评价是建立在生态可持续发展的基础上，根据生态学和生态经济学的相关原理对乡村聚落的发展现状和前景进行评估，不仅需要对聚落环境进行评价，还需对乡村居住者的生活方式、心理需求、健康状态以及与周围环境和资源的关系进行评价，从而确定人为干预力度，推动乡村聚落生态的良性发展[③]。乡村生态景观评价的一项重要任

---

① 清华大学建筑学院.清华大学建筑设计研究院.建筑设计的生态策略[M].北京:中国计划出版社,2001.
② 樊敏.哈桑·法赛创作思想及建筑作品研究[D].西安:西安建筑科技大学,2009:32-35.
③ 陈勇,陈国阶.对乡村聚落生态研究中若干基本概念的认识[J].农业生态环境,2002(1):54-57.

务是建立一套评价的指标体系,对生态景观所蕴含的生态价值、社会价值以及美学价值进行评估,从而为生态乡村的构建提供依据。

1）生态敏感度评价

生态敏感度反映了乡村发展与生态景观的平衡度以及乡村景观的破坏程度,乡村景观生态敏感度评价通常有两个含义:基于生态保护的景观生态敏感度评价和基于景观认知的视觉敏感度评价。基于生态保护的景观生态敏感度与生态稳定性有着内在的联系,景观稳定性越强,对外界扰动的敏感度就越低,生态敏感度也就越低,反之亦然。基于景观认知的视觉敏感度是从人的主观感受出发对乡村景观的判断,这类评价应关注空间景观在视觉传达中的作用,强调提高景观质量和避免破坏性视觉污染。如,道路是感知乡村景观的重要廊道,是视觉敏感度较高的景观空间,在景观营建中应对道路的感知尺度、细部形态以及与其他景观节点的关系进行复合评价。乡村景观生态敏感度评价可为乡村的持续发展提供依据,有助于理解景观的生态功能和优化主体的景观感知度①。

2）环境美感度评价

环境美感度主要反映乡村景观对人们心理和生理作用所产生的美学效应,主要表现在有序性、自然性、独特性、视觉多样性等方面②。乡村农田林地、农宅道路以及村口广场等都影响着人们对环境的认知,不同的地形地貌、植被水域与人文景观呈现出极具复杂性的地域特征。环境美感度评价实际上是一种基于物理环境的主观认知评价,对于进一步营造高品质乡村景观具有重要意义。

5.1.4　观念传播主动性的强化

社会变迁带来的产业结构的调整、经济技术水平的发展以及居住者观念的转变,这些都使得乡村聚落经历着内在的变革。农业在乡村的比重逐渐减低,同时现代化农业又解放了大量的劳动力,乡村人口逐渐涌向城市中,这导致许多住房的闲置甚至造成整个村落的败落,空心村现象使原本作为乡村景观核心的区域成为废弃之地,原本结构清晰、层次丰富的聚落空间转变为一种空废化的景象。乡镇企业带动乡村经济发展的同时也消耗着更多的生态和自然资源,本应是一派田园景象的乡村如今却成了城市的服务站。"村落的城市化倾向,导致新的几乎是城市型的聚落结构及住屋形式不断侵蚀传统的村落。许多传统村落已变得面目全非,渐渐失去其应有的特色,村落的地域性特征忍受着普遍性'类型'文明的强暴。"③在这种大的时代背景下,纵使多么光辉璀璨的乡村文化、多么理想适宜的传统生态观念也会被淹没于其中。因此,借助外力对传统乡村聚落中优秀的自然建造理念进行强化、提高观念传播的主动性是十分必要的。强化传播的主动性可以通过两方面实现:国家的政策导向与大众传播的渗透。

1）国家的政策导向

政策的制定和实施有助于抑制乡村聚落营建中存在的资源浪费的现象和规范生态发展

①　刘滨谊,王云才.论中国乡村景观评价的理论基础与指标体系[J].中国园林,2002(5):76-79.

②　谢花林,刘黎明.乡村景观评价研究进展及其指标体系初探[J].生态学杂志,2003(6):97-101.

③　王路.村落的未来景象——传统村落的经验与当代聚落规划[J].建筑学报,2000(11):16-21.

模式,引导"共生"环境观的回归。对此,我国一些地区已经开始了颇有意义的尝试。在土地资源日渐紧张的情况下,很多村民在观念上仍存在独立建宅的思想,每家每户的外墙是不能共用的。但由于宅基地面积的限制,各户不得不毗邻建造,但即使如此,在外墙相邻极小的情况下(通常间距小于 1 m)仍单独建造。这种方式不仅无法利用宅房之间的狭窄空间,同时还会带来清理的死角,更重要的是造成土地资源的浪费和能源的高消耗。面对这类情况,浙江部分地区通过政策的制定鼓励几户之间联排建造,并且在更大的范围内施行集聚化整合式乡村发展,提倡村民集中居住,可在城镇也可以是小有规模的村庄。嘉兴将这一模式称为"1+X"模式:"1"指中心镇,"X"指中心镇下面的若干个中心村。"乡村人口向'1'的迁居是城镇化的过程,向'X'的集聚是乡村居住空间的整合与重构。"①

2) 大众传播的渗透

除了政策上相对刚性的规范之外,还可通过传播的方式将生态乡村的理念渗透至村民的观念之中,结合切实的事件将乡村中所承载的环境信息传递给村民们。随着传播媒介的更新,电视、电话、网络以及移动互联网的普及都使得信息的传递更加迅速有效。面对时代变迁下乡村生态景观退化的现象,社会媒体舆论应给予明确的认知导向。对乡村聚落固有的生态价值和人文价值加以强化,使村民切身意识到乡村并非是落后的代名词,城市也并非所有内容都值得学习和引入。对于那些生态资源优势突出的村落,应在保护的基础上结合旅游产业的开发,为村民创造生产价值,同时可以通过媒体的宣传扩大乡村的影响力度,并以此作为新的传播内容,形成一种传播的良性循环②。虽然传播渗透的方式非立竿见影,但这种渐进式的作用模式能够更加牢固地深入村民的认知,对乡村长远的可持续发展是有利的。

5.2　乡村聚落的社会人文营造策略

乡村聚落社会人文层面的营造重点强调人文精神的重塑。"人文精神"一词源于英文"humanism",也常被译为人文主义、人本主义等,是人所特有且与人的发展并行的有机体。可以认为人文精神的实现是人类不断认识自我的过程,其核心在于对主体价值的尊重和自我关怀,简单来说,就是对生活意义的最大尊重。这里的"生活意义"是以乡村中最为平常的村民的价值尺度为衡量标准,而非仅代表少数贵族或精英阶层的局部利益。村民构成了乡土文化的主体,聚落空间蕴含着他们最为真实的生活情感,聚落文化的完善与提升实际上就是人与社会不断交互中认知的融合与提升,这与英国著名美学家科林伍德所说的"没有艺术的历史,只有人的历史"在内涵上是一致的。人文精神思考的实质在于以人类的视角探讨人的存在,包括人与自然、人与社会以及人和人之间的关系,具有超越性。超越性思考的本质是对人类生存的终极关怀,它的形成深刻地影响着社会文化与民族精神③。就乡村聚落的

---

①　林涛.浙北乡村集聚化及其聚落看空间演进模式研究[D].杭州:浙江大学,2012:78-79.

②　李琇.基于传播学理论的皖南古聚落发展过程的研究——以黄田古聚落为例[J].华中建筑,2011(10):140.

③　葛红兵.论人文精神的实质——兼及大学人文教育问题[J].杭州师范学院学报(社会科学版),2003(1):30-32.

营建而言,这种对终极关怀的追求可以直面人的本质,重塑社会人文层面的精神世界。

认知的变更带来了文化的增值与异化,乡土文化逐渐被新兴的文化形态所代替。建筑师在这一历史进程中应清晰地认识乡村聚落社会发展的层级与特征,辩证地看待传统与现代的关系,同时需要明确自身融入乡村营建时与村民主体之间的价值差异并且协调这种差异存在的必然性,才可能在营建中实现最为恰当的应对方式。

5.2.1　文化形态的分层应对

文化是内外因子互动中产生的深层机制,即使最简单的文化现象也是内部特定规则的外现,同时也是构成复杂系统的基础。因此,文化解析需要从相对纯粹的类型入手。受天河水对文化形态界定的启发①,将乡村聚落的文化形态分为四类:自文化态、超文化态、合文化态以及融文化态(图5-2)。不同文化层级的乡村聚落的表达策略不尽相同,但又相互关联并且在一定条件下存在互相转化的可能。对于乡村聚落文化层级的界定有助于认清不同社会发展阶段中的利弊,成为一种适宜的表达原则。

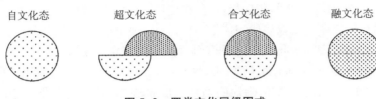

自文化态　　　　　超文化态　　　　　合文化态　　　　　融文化态

图5-2　四类文化层级图式

(资料来源:笔者自绘)

1) 四类文化形态

自文化态是一种根植于本土传统的文化外现,在传统及原始村落表现极为明显。事实上,在全球化不断扩大的后工业时代,绝对的自文化态乡村已成为极少数,尤其在经济发达和开放度较高的地区则更为罕见。更多的则是传统文化保存相对完整,内在文化机制对聚落发展基本起主导作用的村落。虽然自文化态是一种文化发展的稳定形态,但由于其内在机制相对成熟,运行机制可能因处于长期的封闭状态造成文化活力缺乏,这是文化发展中需要重视的。

超文化态是自文化态受到外来文化影响后的最初表现形式,也是最为不稳定的文化层级,我国乡村聚落很多地区正处于这一状态。外来文化的侵入促使乡村异质群体的产生,起初的边缘文化逐渐形成与本土文化对峙的态势,这不仅引发传统优秀文化的逐渐缺失,甚至发展成为社会意识的失范和本土文化的断裂。在社会转型期,由于新旧文化的并存,村民主体表现为对本土文化的认同度降低,从而出现一定程度的"媚外求洋"心态。

合文化态是超文化态良性发展的状态之一,外来文化与本土文化有序并存但又相对独立。一些村落由于生态、景观、资源等方面的优势,投资者通过租赁土地或民宅的形式,以"洋家乐""民宿"或结合现代农业发展的方式对乡村聚落的地域特征重新诠释。虽然这类新形态可能在短期内造成村民认知的波动,但二者长期在空间与意识层面有序并存,将逐渐形

---

① 天河水.文化全面质量管理:从机械人到生态和谐人[M].北京:中国社会科学出版社,2006.

成合文化态甚至完成向融文化态的转变。

　　融文化态则是外来文化与本土文化在合文化态的基础上达到了水乳交融的状态,二者相得益彰,达到本土文化的外延化与外来文化的本土化。不少古村落结合现代消费模式发展乡村旅游,形成古今文化与中西文化交融于一身的新文化形态,如西塘和阳朔等已成为融观光、商业、休闲于一体的度假胜地。多种文化共生共荣逐渐演化成为一种本土文化的发生机制,反映出融文化态的层级特征。

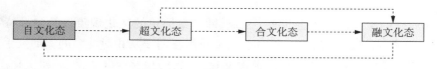

图 5-3　四类文化层级图式

(资料来源:笔者自绘)

　　2) 文化层级的转化与应对

　　不同阶段的传统、风俗、习惯,包括禁忌等,往往是面对特定自然、人文环境的智慧积累,渗透在社会和日常生活之中而得以代代相传。历史沉淀下来的文化偏好和具有共识的价值观,一方面反映着情感和心理的共同需要,有利于维系社会的稳定和凝聚力,另一方面也不可避免地具有因循守旧的惰性,缺乏对环境刺激的及时反应,成为发展和进步过程中的阻碍[1]。

　　从文化分层的角度能够更加清晰地明确其发展轨迹,上述四类文化形态的变更可以概括为以下过程:自文化态长期的稳定态因外界因素介入而形成超文化态;超文化态经过内部要素的有序组织促使合文化态或融文化态的产生;合文化态中异质文化机制的长期互动同样可转化为更为有机的融文化态;融文化态最终又会形成另一种新型的自文化态,从而进入新的循环(图 5-3)。理解了四者的关联和成因可以形成针对性的表达策略(表 5-1)。

表 5-1　四类文化层级的应对策略

	基本特征	范例	应对策略
自文化态	一种本土传统文化的外现。文化实体在传统规范作用下产生,是一种运作良好的文化机制。文化性格内向,进化程度低	完全自文化的村落现在极为罕见,更多的是传统文化保存完整的古村落。如浙江省建德市新叶村,是目前国内最大的叶氏聚居村,民风淳朴,建筑类型丰富 	作为一种相对稳定的文化状态,重要的是对内在机制的理解和延续,同时可适当注入现代要素,避免纯文化态在发展中由一汪清水变为一潭死水

---

① 于一凡.城市空间情感与记忆:城市空间的文化形态[J].城市建筑,2011(8):6-7.

（续表）

	基本特征	范例	应对策略
超文化态	一种文化断裂的外现。文化实体在内外规则的冲突下产生长期处于此状态易导致价值体系的混乱和本土文化边缘化	后工业化时代直接影响了村民的价值取向，浙江大量"欧化"村落的形成与片面效仿城市形态的村落的出现是文化断层的物化外现。在经济优越地区尤为显著	尽管超文化态可能造成文化断裂与病态，即"无意义的混乱"，但通过合理的引导可使其成为"有意义的混乱"，以达到一种合文化态乃至融文化态
合文化态	超文化态被整合逐渐内化成为与本土文化共存的复合体。在该文化实体内就有可能形成一种新的良好的文化机制	浙江省德清县三九坞村一半以上的房子成了美、韩、英等外国人的"洋家乐"，其外形别致迥然异于普通民居，却不失村屋的风味。二者相得益彰、有序并存	合文化态是文化变更中一个良好的阶段，其中虽存在文化冲突，但不失为一种有意义的混乱。如处理得当可演变为融文化态，处理不当则有可能回到超文化态
融文化态	超文化态被整合并且与本土文化互动交融，直至浑然一体。内化成为新的本土文化	乡村资源的差异引起文化融合方式的不同。如浙江省长兴县吕山村与现代化农业发展有机结合，还有的乡村利用文化资源与西化旅游产业结合，如西塘古村落等	融文化态是文化更替的理想状态，长期的稳定化会形成新的纯文化态，因此应警惕纯文化态的相应弊端，避免内向发展的封闭化，应适当调整内部文化要素

（资料来源：笔者自制）

5.2.2　乡土景观的认知与利用

在多元文化并存的社会中，乡土景观对地域特征的塑造和村民地方认同的提升起到有效的促进作用。有意义的环境给人以归属感，乡村聚落营建中对乡土景观的关注是寻求一种场所精神的回归，找回人与自然之间的依存关系[①]，使之成为能够承载村民价值认知和精

---

① 蔡昱.场所精神的地域性表达[D].厦门：厦门大学，2008.

神依托的物化存在。

1）乡土景观的价值认知

在乡村聚落的营建过程中人的行为将自然景观逐渐转化为文化景观,所表现出的多样性与独特性是乡村价值的外在体现。任何文化景观都是特定空间和时间的产物,必然延续着创造它的那个地域和时代的特征。如同社会文化的晴雨表,文化景观形式的变化反映了所在地区内文化和社会价值取向的变迁。可将文化景观所处状态分为两类:第一种是代表过去某段时间已经完结的进化过程,它们之所以具有突出的普遍价值,在于显著特点依然体现在实物上。第二种则是体现与现代生活方式相联系的社会中,保持一种积极的社会作用,而且其自身演变过程仍在进行之中,同时又展示了历史上其演变发展的物证。

随着时代的发展某些原有的功能逐渐退化消失,但即使是失去原有功能的房屋建筑依然可以延续着时代的文化特征,并且可以在合理利用的基础上达到新的意义,体现了其精神层面和物质层面的延续性。"文化景观是具有象征性的符号,代表一个地方群体自我文化、社会的认同方式,以及在认同的过程中所产生的自然而然的意向性,可以建构出异于其他地方的自我表征。"①乡土景观的象征性体现在显性和隐性两个层面。显性的象征是指居住者或工匠有意识地将自身想法和观念融入聚

图 5-4　显性象征的乡土景观——楠溪江苍坡村
(资料来源:课题组拍摄)

落的布局和建筑。如,浙江省温州市永嘉县岸头镇的苍坡村以"文房四宝"的布局概念作为规划指导思想(图 5-4),面朝村子西面笔架山的村庄主街,内部以石板和方砖铺地,称为笔街。用于克火的两个大水池,东西各一处称为砚池。砚池旁一块端头倾斜的条石,称为墨石。而村子地势平坦,布局规整,有如方正白纸一张。这类意象反映了建造者有意识的文化表达。

然而,更多时候文化景观的象征性是隐性的。居住者在漫长生活习惯中形成的行为方式作用于物质环境,其文化景观的象征性是潜意识的再现。如,一棵古树、一座石桥、一湾池塘呈现着人们休憩和交往空间的内涵;又如,一道篱笆、一片低墙、一个转角则体现了空间领域层级间的转换,这些物理的景观都是生活方式的象征符。(图 5-5)

2）乡土景观可辨识性的保持与强化

乡土景观的可辨识性体现了乡村的内在价值,也是乡村有别于城市甚至优于城市的重

---

①　周尚意,杨鸿雁,孔翔.地方性形成机制的结构主义与人文主义分析——以 798 和 M50 两个艺术区在城市地方性塑造中的作用为例[J].地理研究,2011(9):1566-1573.

图 5-5 隐性象征的乡土景观

(资料来源:课题组拍摄)

要特征之一。营建过程中可以通过强化古树、农田、民居、炊烟等乡村景观识别性标志来增强景观可辨性,发挥其乡土美学功能,保持景观的独特性。同时,可以结合本地民风民俗以及传统农耕文化的生活形态,最大限度地保持乡土景观的质朴状态。此外,还可通过将乡土景观与生态农业、传统手工业、文化产业等业态相融合,将民俗体验、休闲度假整合于其中促进乡村旅游产业的深度开发①。

强化乡土景观可辨识性需要注重自然生态与人文情态的统一。自然生态是生存的基础,担负着乡村的认知功能。人文情态是村民在长期的生产生活过程中逐步形成的文化本质。同时,要注重对本地精神生活的核心价值理念进行提炼、总结与传播。另外,还需要注重行为、心理与视觉之间的协调,从而在外化的视觉形态中包容主体内在的相关因素,强化村民对乡土景观的认同感。

3) 乡土景观资源的适度开发

乡土景观资源的保护是景观开发的基础,良好的生态系统、淳朴的乡土民俗、传统的生

---

① 郑文俊.旅游视角下乡村景观价值认知与功能重构——基于国内外研究文献的梳理[J].地域研究与开发,2013(1):103-104.

活方式等都是珍贵的并且需要着重保护的乡土文化遗产,也是保持乡土独特性文化形态的核心方式。对乡土景观的保护必须建立在对地区现状的理性分析和客观评价的基础上,并据此提出有针对性的解决措施,制订科学合理的乡村发展计划,是乡村良性发展的保证。实施中可以针对区域内较为优越的自然、人文旅游资源,宣传资源的文化内涵,形成复合型发展业态,不仅在于提高乡村景观的品质,更在于使村民的生活得到实质性提升。同时,景观资源的开发应严格走"小型化""自然化"的发展道路。在资源开发以前需进行项目环境影响评价和采取有效保护措施,不开展大型的、有破坏倾向的策划项目。对于需要改造的部分,必须注重整体的自然环境的适宜性,农宅以及相关服务设置的建造都应提倡小规模、渐进式的改造方式[①]。

5.2.3　地方产业的交互促进

特定的地方产业往往与特定的景观风貌相对应,是经济与自然交互的过程。乡村产业的发展、产业结构的调整都会在乡村景观中体现出来。通过课题组的调研分析,乡村的四大基础产业——农业、乡镇工业、文化产业、旅游业在不同方面、不同程度上影响着其风貌的形成。

1) 农业

农业生产方式的变化是推动乡村风貌演化的主要动力。早期的村落发展受交通方式、人力及生产活动的限制,继而决定了村落的规模。而且,农耕活动在很大程度上也是集体的活动,因此在村落中构成了特殊的合作形式和邻里关系。小而紧密的村落有很强的可识别性,易于人对事物的把握。适宜的空间、亲人的尺度,易于满足人的定向和个性要求。而现代都市农业的发展使得乡村风貌产生了很大变化。由于都市农业新技术的引入、种植方式更加多样化如温室、大棚、无土栽培等。观光农业的发展使得传统的大田粮食作物数量减少、经济作物数量增加、收入提高的同时相应的农村风貌特色也呈现出复杂性与多样性的特征。

2) 乡镇工业

在乡村工业化的过程中,乡村中非农产业的发展对乡村产业结构产生着巨大的影响。村庄道路建设与民居建设兴起,村庄环境与整体风貌焕然一新,呈现出一定的城镇风貌特色。在发展乡镇工业的过程中,应避免机械化和工业化生产而引起的粗犷型发展模式,尽可能保持原有村落演进的时空界限,保持原村庄的自然风貌,将发展控制在合理的规模和范围之内。尤其要控制工业发展带来的环境污染,保持乡村景观生态格局的多样性、稳定性以及连续性。

3) 文化产业

村落作为人居环境系统中的一个完好有效的组成部分,特定的地域环境造就了特定的地方材料和手工技艺及地方化的建造方式,形成了特定的风格和类型。乡村聚落所呈现的文化景观是村落文化的源泉。村落的历史文化经过世代发展可转化成产业,对本土文化的

---

① 李翅,刘佳燕.基于乡村景观认知格局的村落改造方法探讨[J].小城镇建设,2005(12):88-89.

挖掘、产业结构的更新,从侧面也是对文化景观新形式的引导,在为村庄创造经济收益的同时,也形成了村庄具有特色的文化产业,从而进一步影响农村风貌特色的形成。

4)旅游业

扩散理论认为,旅游业可以成为改变一个地区落后局面的"成长点"[1]。我国许多农村具有利用旅游资源发展地方经济的有利条件,通过旅游向农业产业部门的延伸,使旅游有机会能更好地为农业服务,促进农业的转型和升级,让农业焕发新的活力[2]。在旅游业的推动下,乡村利用自身优势融观光、休闲、教育和旅游为一体,让游客回归自然,感受民风民俗,并相应配置一批具有区域和民族特色的宾馆、饭店等旅游设施,使得农村建筑景观呈现多样化发展趋势。同时,由于旅游业的发展,村庄景观、劳作形态、民风民俗、农副产品等产生变化,具有独特性。

通过上述分析,总结产业发展对乡村风貌影响的八个方面,即生产和生活方式、土地利用、项目投资、道路整治、乡村规划、生态环境、景观格局、建筑风貌产生的具体效应如表5-2所示。

表5-2　产业发展对乡村风貌的影响效应

产业类型	生产生活方式	土地利用	项目投资	道路整治	乡村规划	生态环境	景观格局	建筑风貌
农业	▲	▲	▲		▲	▲△	▲	▲
乡镇工业	▲	▲△	▲	▲	▲△	▲△		▲△
文化产业	▲	▲	▲	▲	▲	▲	▲	▲
旅游业	▲	▲△	▲	▲△	▲△	▲△	▲	▲△

(资料来源:课题组绘制)　▲一颗星影响效应　△半颗星影响效应

5.2.4　价值取向的包容整合

1)第三空间营造——真实与想象的复合表达

地域性表达的落脚点在于地域特征的编译,编译的真实性既来自对乡村聚落建成环境的把控,也来自对村民主体认知的理解。设计者与使用者分属不同主体,必然存在经验和感知的差异。因此相对于村民主体,设计者对地域特征的编译实际上是一种基于真实地想象。一方面,无论设计者如何力求真实地还原和表达地域特征,其本质仍是一种主观性意象的构建,可以无限接近真实而非真实本身。另一方面,即便是居住者本身,他们对地方空间的理解也是包含了真实和想象两个层面的复合体。这可以解释为由索亚所提出的"第三空间"概念,是作为物质层面的第一空间和作为意识层面的第二空间的复合体[3]。第一空间的认识对象是可感知的物质空间,也是建筑学科中一般的空间认识。第二空间由构想中获取观念,

---

①　操建华.旅游业对中国农村和农民的影响的研究[D].北京:中国社会科学院研究生院,2002.

②　赵承华.我国乡村旅游推动现代农业发展问题探析[J].农业经济,2011(4):37-38.

③　陆扬.析索亚"第三空间"理论[J].天津社会科学,2005(2):32-36.

再将观念融于精神领域,成为主体的、内省的和联想的行为活动,如一些先锋建筑师或实验建筑师对空间的表达往往更强调自身主体性的表达。第三空间则是基于前两者真实与想象的复合体(表5-3),建筑师对乡村聚落地域文化的表达本质上就是第三空间的创造过程。既非完全的真实还原也非绝对的主观情怀表达,而是基于客观存在和个人经验、立足于主体差异的空间再造,这种差异反映在建筑师与村民之间,也反映在主体与客体之间,但其本质均源于对现实的尊重与关怀。虽然作为非居住者的设计者对空间的表达没有居住者对自身生活空间感悟得真切,但正因为如此却可通过一种略带批判的视角完成对地域文化特征的表达。

表5-3 三类空间的比较分析

类型	空间特征	空间主体	空间表达
第一空间	主要关注的是空间形式的物质性,以及可被物化的经验。偏重于客观性,是关于实体形式的空间认识	居室、建筑、邻里、村落、城市、区域、国家乃至世界地理格局等	空间外层的显性表达,反映人与自然的关系。结合物质空间要素,采用观察、感知等手段,如认知地图与非语言表达法
第二空间	是感受的认识模式,在观念的空间之中构想出来,源于人的精神活动,是对空间性内质感受的反思	地方感、场所感、领域感、行为心理、生活方式以及一切有关的情感依恋与物质依赖	空间内质的隐性表达,是对第一空间的补充,是通过精神制衡物质、主体作用客体的方式反映社会层面的相关作用
第三空间	游离于真实和想象之间,是融合二者的他者化的空间。其中包含灵活而开放的空间理解,超越了传统二元论认识空间的可能性	多重要素的汇聚:主体性与客体性、真实与想象、未知与已知、同质与异质、精神与物质、意识与无意识等	空间的复合表达反映了一种复杂的呈现方式,应以差异性作为营造的基础,包括主体自身的差异以及主体与客体之间的差异

(资料来源:笔者根据陆扬《析索亚"第三空间"理论》及网络资源整理)

2)认同与认异——主体价值差异的动态平衡

居住者与设计者的文化差异以及二者对差异的接受度直接影响地域性的生成。一方面,设计者对地方风貌的塑造、地域特征的关注以及传统文化的保护等一系列行为态度体现出对地域间差异价值的认同。另一方面,居住者对自宅的改造、细部装饰又从不同程度上表现出对城市生活的模仿和认同,进而可能导致地域差异的削弱。两种对待空间的不同态度从侧面反映了第三空间中真实与想象的对垒,这种差异的存在是空间的内在属性,是绝对的、不可消除的。因此,试图通过传统的价值导向来消除差异的方式是艰难而片面的。当然,这里并不是认为社会主流价值导向是无意义的,而是希望通过对第三空间的理解认清差异的必然性并接受它,这便引出了一种新的态度和视角——价值认异。所谓价值认异是相对于价值认同而言的,认同是指"社会群体中的成员在认知和评价上产生一致的看法以及感情"。然而,乡村建设的过程中参与的主体来自社会的不同领域、阶层,有着不同的文化背景,其中的观念和取向很难达成一致。差异性理论认为,人们根据自己区别于其他人的东西来界定自己的身份。价值认异可定义为不同的主体(个人或群体)在交往过程中,首先确认自己与他者的价值差异性,同时认可和接受并以宽容的态度对待这一差异性①(图5-6)。作为乡村营建主体的居住者和设计者各自有着对生活的定义和自我定位,价值认异成为正视矛盾的必要思路。台湾建筑师谢英俊先生在多年乡村建造实践中所提出的"互为主体"概念就是价值认异的一种体现。

现代建筑设计中设计者对完成度的关注愈加凸显,希望将创作理念贯穿于设计始末。但实际上使用者一旦有能力对设计成果加以干涉,其想法很可能与设计者完全不同。设计者与居住者都可能成为聚落空间的构建者,二者共同完成特定建筑的生产过程。

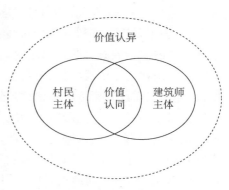

图5-6　价值认同与认异

(资料来源:笔者自绘)

这一过程中差异的存在使得各自的主体性此消彼长,是一个动态的过程。关注各自的主体性,而非仅仅强调某一方主体地位,是实现共同建造的前提和基础。

5.3　乡村聚落空间营建策略

如果对生态构建观的挖掘是保持乡村聚落持续发展的必要保障,对人文精神的追求是提升乡村聚落营建中对主体极致关怀的重要方式,那么对聚落空间的把控就是使以上两个层面中悬而未决的问题落于实处,从一种根植于土壤并且更易于操作的层面进行探讨。从理论意义上看,在聚落空间层面营建的意义是将主体认知与物质存在进行对接,通过文化地理学与环境心理学等相关技术手段将乡村聚落的空间营造作为认知研究的最终目的。空间营建策略具体来讲是一种聚落空间形态的设计方法。这一方法的形成应围绕村民空间认知的具体特征以及乡村风貌形成的机制而确定,并且需遵循由整体到局部、由营建过程到表达手法,逐层深化且具备较强可操作性的原则,从而实现问题到方法、认知到空间的转化。

5.3.1　空间结构的真实性还原——由感知到感悟

聚落空间是复杂性内涵与扁平化表征的复合体(见本书4.4.1),真实性还原就是将二者一并考虑,由单纯的对表象的感知到感悟其内在的意义,既包含空间,也包含主体的行为认知。意象、尺度、领域是洞悉内涵的途径。

1)延续聚落格局,还原乡村意象

聚落格局的形成是村民在漫长的时间周期内不断完善的结果,其中包含着使用者对自然的回应、风俗的融入,并且承载着他们生活的情感和内容。格局的延续体现了这些因素的相对稳定态与对村民生活情态的尊重。

现阶段乡村建设中迁村并点的驱动方式导致一些规模较小的村庄消失成为必然,建造

---

① 刘菊.价值认异:全球化背景下价值冲突的一种消解之道[D].南京:南京师范大学,2006:21-22.

过程中各户追求"平等"的观念对聚落空间格局的形成是有强力制约作用的。在完全新建的情况下,为了妥协各方利益,很多时候就会无奈地形成兵营式格局。而采取更新的方式,将新建住宅嵌入到原有聚落格局之内,便可以很大程度上缓解这种观念对空间的制约。

在吕山村规划中我们便遇到过这样的情况。由于乡村产业发展需要部分用地整合开发,局部住户需迁到新址集中建设。建设过程中村民提出了一些自己的要求:对方家的房子不能比自家的靠前,于是限定了南北方向"平齐";前后两排布置时,对方家的房子不能比自家的偏左或偏右,于是又限定了东西方向的"平齐";并且由于独立居住观念的影响两户相邻建造时必须不能共用外墙,且需间隔1 m。如此限定之后,整体格局只能变成这样一种矩阵式的形态(图5-7)。而周边村庄采用更新插建的方式填补零散土地,建造时村民对自由的布局形态的限制明显降低,既有利于土地的集约化使用,又避免格局的无序蔓延(图5-8)。因此,从村民的接受度来看,在新村建设中最好能保留原有格局相对完整的村落,进行更新建造,而不是采用简单速成的整体新建的方式。当然,具体操作中还应综合分析地区发展前景而确定采用方式。综合来看,聚落格局的延续从本质上保证了原有村庄意象的保留,地方性、可读性以及叙事性这些意象特征表达显得更加自然、生动、易实现。

图5-7　空地新建——规整布局

(资料来源:笔者自绘)

图5-8　更新插建——延续脉络

(资料来源:笔者自绘)

2) 重塑邻里单元,细化空间尺度

聚落格局的延续具体到地块层面,需强调公共空间的多样化与尺度的亲人化,乡村生活的宜居性往往也在于此。作为公共空间的最小单位,邻里单元是与村民生活最密切的部分。此概念由美国社会学家科拉伦斯·佩里提出,其中包含六个要点:规模、边界、开放空间、机构用地、地方商业和内部道路系统。针对乡村聚落的研究,钱振澜将这一概念更加具体地定义为基本生活空间,是指带有合理规模的集体性家庭基地,具有相对独立的空间、明确边界的基本居住生活单元。它相对于单个农村的整体空间而言是一个较小的、易识别的、最低层级的公共居住生活空间。依附其中的是单元内的住户在长期居住和互动交往过程当中形成的邻里氛围和人际关系网络[1]。

① 钱振澜."基本生活单元"概念下的浙北农村社区空间设计研究[D].杭州:浙江大学,2010.

　　对邻里单元的塑造需根据地区的自然特征和社会特征,并结合村民关于空间的认知,通过对空间适度的延伸和变形对结构进行组织。①邻里单元的户数组成不宜过多,以 10 至 12 户一组为宜[1],营建过程中可根据实际人口规模以及用地限制适当缩减或增加,原则上最少不小于 4 户,最多不大于 20 户[2]。②每个邻里单元内应围合一个相对完整的公共空间,其形式相对自由,团状、带状、组合状均可(图 5-9)。③将整体形态进行细化,形成相对不同类型和尺度的空间环境,可以根据与住宅的临近关系和相对位置按公共性划分为公共空间、半公共空间与私密空间[3]。④应保证公共空间的连续性,最好能与景观绿地、产业格局的划分相结合,将不同尺度的空间串联形成整体的公共带。⑤在新宅营建时,应以邻里单元的公共空间为基准,建筑布置主动与场地相适应,力求实现对地形和生态系统破坏的最小化(图 5-10)。

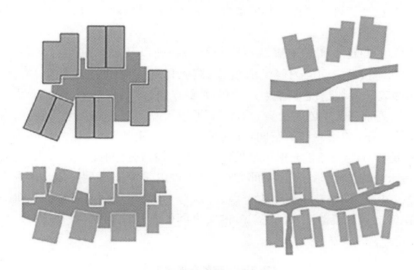

图 5-9　邻里单元组合方式

(资料来源:课题组绘制)

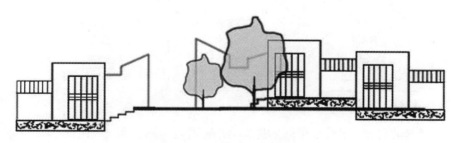

图 5-10　公共空间与场地适应

(资料来源:课题组绘制)

①　[美]C.亚历山大.建筑的模式语言:城镇·建筑·构造[M].王听度,周序鸿,译.北京:知识产权出版社,2002.
②　钱振澜."基本生活单元"概念下的浙北农村社区空间设计研究[D].杭州:浙江大学,2010.
③　徐伟,李娟.类型学设计中的尺度转换策略[J].新建筑,2007(2):8-10.

3）回归院落空间,界定场所领域

在现代乡村发展过程中,由于人口密度的增加和生活方式的改变,原有院落建筑在面积和功能上都不能满足居民日益增长的生活需求,居民通过拆除围墙、改建厢堂、在院内搭建新房等手段对居住空间进行改造,却往往导致合院围合形式的变化,甚至造成院落形态的消失[1]。由此导致街坊空间、邻里空间以及院落空间三者层级上的转化和聚落内部地块的重构,这一表象背后的实质是原有空间领域感的转化和空间权力的变更。此外,由于居民私搭乱建行为,街巷部分发生交会、断裂、分叉等形态改变,进一步模糊了空间层级的领域边界。原本承接公共与私人过渡空间的院落,逐渐被这些半公半私的零散节点空间所替代,这些布局的空间权力由原来的使用权跃升至改建权(见本书4.3.3),从而促使公共用地的私人占有和占用现象愈演愈烈。这一恶性循环的重要症结之一便是院落空间的退化与领域界定的过于模糊化。

院落空间的回归旨在实现对聚落空间领域的明确以及对乡村真实生活场景的复原。①回归院落空间应按照空间的内容灵活组合,按照村民的需要进行选择。②相对于北向的院子,南向的院子多数情况下作为入户的主要方向,并且由于日照的充足其承担着许多生活功能,故更加重要,必须设置。建议根据生活需要,可选择性地附加内院和后院(表5-4)。③南向院子要有足够的空间,并与道路保持一定的距离,以强化私人空间的领域感和为后期可能存在的功能扩充保留余地。④内院与后院空间则不宜过大,后院应结合当地技术配有污水处理设施。⑤院落空间必须界定,可以是墙体也可以是其他形式的围合方式。⑥围合方式尽量采用虚实镶嵌的形式(图5-11),实面材质强化空间存在感,虚面材质可使空间在视觉上具有流动性、可被感知,虚实之间的营建比例可与村民商定,建议比例范围为0.2～0.6。

表5-4   院落布局方式

前院+内院(天井)	前院+后院	前院+内院(天井)+后院

(资料来源:课题组绘制)

格局是聚落的骨架,邻里是聚落的躯体,院落则是聚落的灵魂,由此形成聚落空间结构的营建体系:以墙体围合院落,以院落组织邻里,以邻里还原聚落,最终达到本土再生的目的。

---

①   季松.江南古镇的街坊空间结构解析[J].规划师,2008(4):75-78.

图 5-11 虚实镶嵌的围合方式

（资料来源：课题组绘制）

5.3.2 建筑形态的创造性延续——由摒弃到接纳

"即便是被时代舍弃的技术，借由钻研贯彻技术本身的极限，也能开拓出新的可能性。"高迪对建筑本质的这番诠释，不仅表现了设计者对创新的理性认知，同时也提供了源于传统的创作方法。立足现代、把握传统、优化技术是具有生命力的创新方式，面对纷繁的建筑表象，只有保持一种清醒的观察视野，才可能发掘其中真正的价值意义，从而接纳它、利用它、拓展它。这是一种创造性的延续方式，从操作手段和流程上可以将其归纳为：要素提取—特征把握—承袭改良—叠合创新。这是一个由表及里、由旧及新的过程，每一步都包含了设计者对主体认知的理解以及对既存事实的延续。

1）要素提取

由于乡村聚落中建筑的建造时间跨度大，村民自发加建的现象普遍，仅仅通过简单的对建筑造型的观察就进行要素提取会显得十分盲目，并且摄取的信息也会十分庞杂。因此，在现状提取的过程中，首先需要对建筑形态的现状要素进行归类，按其在建筑中所占比例和重要性，可以将其分为屋顶、墙体、细部三大部分。其次，针对每一种要素分别从色彩和材质两方面对其进行更加深入具体的类型与比重的提取。再次，对细部要素提取的过程中，应重点关注本土建造中特定的节点做法和已经固化在村民认知图式中的形态样式。最后，还应关注建筑与场地的关系，对地域特色鲜明或重复出现频率较高的空间节点的处理方式给予重视，如进入建筑入口的方式直接影响人的心理感受，对诸如此类部位应做具体的归纳（表5-5）。

表 5-5　磐安白云山村入口要素提取

（资料来源：课题组绘制）

2）特征把握

特征的把握是建立在对现状要素深入分析的基础上，有针对性地对其进行界定的过程。一方面，需要对现状要素中所包含的积极层面和消极层面做出判断，对于积极方面应给予肯定并对其进行学习，对于消极方面应明确问题的缘由并给予正面的营建引导建议。以建筑墙体为例，目前我国许多乡村在营建中对石砖贴面的做法尤为偏爱，但在面砖搭配上色彩对比过大，组合方式也过于规整，表现出单调、机械的特征。并且材质的组合上略显随意，尤其是在经济相对发达地区的乡村，材质选择的范围更加广泛，从而使这种滥用的现象愈发严重。大面积玻璃幕墙的使用，在炫耀财富的同时不仅带来了乡土风貌的缺失，而且也在一定程度上造成生态上的不节能和光污染的出现。此时，特征把握的意义就在于认识到这种现象的弊端，充分发挥建筑师的专业技能和主体作用对其进行控制。诚然，完全否定式做法是不可取的，在给出正面引导时应结合乡村现状中优良"基因"和问题"基因"（表 5-6、表 5-7），通过对比的方式，在建成环境中寻求答案，而不是过分强调建筑师的主体作用，通过拿来主义的方式生搬硬套地加以干预。

另一方面，特征的把握还在于对本土文化中习俗的尊重。习俗是村民认知固化的结果，虽然有些在场外人员来看是荒唐的、无谓的，但对于原来的居住者而言它们则是生活的组成内容。大多情况下，村民对建筑形态的联想超越了建筑设计师所力求表达的意义范围，

表 5-6　优良"基因"的特征把握

地域特色现状分析	解析
	· 多样性 具有地域特色的乡土民居在建造过程中,不拘于固定的模式与风格,往往因时、因地、因材而建造他们的居所空间与环境,使得建筑与地域风土之间呈现出多种多样的真实对应的关系
	· 质朴、简洁、经济 农村因其相对较低的经济生活水平,居往往以最直接、最简洁的方式建造房屋,也正好与质朴的乡村风貌相对一致
	· 宜人尺度 与人的日常生活相对应、基于人力与手工的建造方式使得农村建筑往往呈现出亲切宜人的尺度感觉
	· 与环境相协调 依托广大的自然环境,乡村建筑点缀其间,与建筑环境高度和谐统一

(资料来源:课题组绘制)

表 5-7　问题"基因"的特征把握

建设中的问题	解析
	· 杂乱性 为"变"而"变",为"特色"而制造"特色",当下农村引入了过多的元素与风格,使得农村风貌杂乱
	· 无根 人为引入的大量新的元素或风格,与农村日常生活和地域文化毫无关系,使得农村建筑"布景化",显得俗气,丧失了"真实"这一最吸引人的东西
	· 烦琐、模式化、教条化 为了攀比,显示财富、地位等,建筑往往用了过多的装饰,结果丧失了农村建筑的质朴与多元化
	· 非宜人尺度 在近几年较大规模的建设中,粗放模仿城市里的布局,使农村一些建筑呈现出不太人性化的尺度
	· 与环境不协调 色彩对比过大、材质组合的随意导致出过于杂乱的风格以及过大的体量与尺度,造成农村建筑与环境不够协调

(资料来源:课题组绘制)

他们可以用"吉利"与否或"忌讳"与否来衡量建筑形态所传达的意义。此时,建筑师便不能仅仅用"迷信""土气"等缘由而将其视为一种消极因素,因为一旦和村民固有的社会认知图式发生抵触,这种意见的冲突是很难消解的。

3) 承袭改良

通过对特征的把握基本明确了乡村聚落建成环境中需要学习和继承的部分与需要引导和修正的部分。对乡土要素的承袭与改良从根本上保证了建筑师融入乡村营建过程中对本土特质的延续,同时为达到更优的营建结果,应在保留原有"地域基因"的基础上使材质及细部处理更加精细化,并在建筑创作中强调等价有效方式的适度互换。所谓等价有效方式的适度互换,是指当乡土的营建元素和建造手法可以满足生活的基本需求,并且是简单、便捷、低造价的,这一情况下可以用其代替专业建筑领域惯用的设计手法,保证其最大限度的延续;反之,当乡土的方式不能满足这一需求时,甚至已经成为落后的、脱离时代的、阻碍村民生活品质提升的因素时,则应选择现代建造技术中相对成熟的、高效的,并且可以融入乡土环境的建造方式予以替代。

王路在湖南毛坪浙商希望小学的设计建造中便贯彻了第一点思路,沿袭了乡村本土民居的形式和材料,通过村民自助的建造方式完成。希望小学采用了当地最为普遍的坡屋面、南外廊的建筑形态,是对当地气候环境的有效回应。材质上通过对乡村中普遍使用的砖、木、竹、石的分析,发现在不同材料搭配使用的大房屋中砖都是核心材料,故选定砖作为希望小学的主材质,并以竹、木搭配。整体平直、延展的建筑形态是对场地的回应,以及对现存民居尺度的协调。由于成本限制,建造过程基本为村里工匠完成,并且最终将每平方米造价控制在 300 元以内[①]。谢英俊在灾后重建的实践中所推崇的轻钢结构屋架体系则体现了第二种等价有效方式互换的思路。面对灾后资金和时间方面的压力,在四川省广元市青川县里坪村的建设需要一种快速、便捷的解决方案,村民之所以选择谢英俊团队的方案其中一个重要的原因在于其造价是最低的。虽然一座轻钢结构的房子不是十分廉价,但比起当地灾后所建的砖混结构或纯木结构的房屋却是造价最低廉的,并且互助的营建方式也省去了原本建造工队的人工费用。轻钢骨架的组构过程,和当地传统的穿门木框架十分接近,当这一基本框架搭建完成后,村民在其中有足够的发展自身想法的空间,于是便很自然地赋予其乡土生活经验和智慧。其虽然使用了现代的结构体系,但同样是对本土精神的延续和继承。

4) 叠合创新

阿尔瓦·阿尔托在《画家与泥瓦匠》(Painter and Masons)中写道:"我不相信那些过去的贵族时代还会回来,也不相信汉萨城会重生,也不认为雅典卫城可以建在赫尔辛基。过去的一切都不会重生,但是也不会完完全全地消失。那些曾经的事物常以新形式再现。[②]"固守传统只会陷入僵化的死循环,文化发展需要新的元素的融入,不同时期都存在与之适应的

---

① 王路,卢健松.湖南耒阳市毛坪浙商希望小学[J].建筑学报,2008(7):27-28.

② 单晓宇,殷建栋.阿尔瓦·阿尔托建筑中的地域性表达——以珊纳特赛罗市政厅为例[J].建筑与文化,2011
(11):105.

文化形式。对于建筑形态而言同样如此,传统乡土建筑固然再完美也无法将其定格于所处时代,村民生活发生变化的同时必然引起建筑形态的适应性转变。对于掌握专业技能的建筑师而言,应从场地中认知、发掘既有的方法,通过有效的组织进而解决新的问题,而不是僵化地套用模式和符号以及纯粹的自我表现①。当然,我国当今建筑实践中也不乏新意之作,建筑师在对乡村聚落内涵研究的基础上创作出融合本土特质与时代特征的作品。概括来看,这种叠合创新的形式大致体现在两个方向:一类是具体乡村聚落的建造活动,另一类是与乡村聚落相关联的文化建筑营建。

　　第一类形式直接反映在与村民生活相关的建筑与聚落之中,这类创新方式体现在两个方面:建造方式和材料使用的创新以及聚落空间延续的创新。刘家琨在"5·12"地震后深入灾区,提出了"再生砖—小框架—再升屋"的建造体系。再生砖是用破碎的废墟材料作为骨料,掺和切断的麦秸作纤维,加入水泥、沙等,由灾区原有的制砖厂做成轻质砌块,是一种低技低价的产品。同时,对农村普遍流行的砖混结构进行改良,把圈梁和构造柱再加强一点,变成小框架,从而提升其灵活性和抗震等级,再生砖作为围护和承重材料。建造时可以先建一层,等后期资金充足了再建一层,故称之为再升屋②。这一建造体系既是废弃材料在物质方面的"再生",又是灾后重建在精神和情感方面的"再生"。

　　第二类形式主要体现在文化建筑的营建中对乡土形态的借鉴和发展。如 TAO 迹·建筑事务所的云南高黎贡手工造纸博物馆是由几个小体量建筑组成的一个建筑聚落,采用当地的杉木、竹子、手工纸等低能耗、可降解的自然材料来减少对环境的影响。在建构形式上真实反映材料、结构等元素的内在逻辑,以及建造过程的痕迹与特征。建筑适应当地气候,充分利用当地材料、技术和工艺,结合了传统木结构体系和现代构造做法,全部由当地工匠完成建造,使项目本身成为地域传统资源保护和发展的一部分③。又如,李立等建筑师设计的费孝通江村纪念馆,以"根系乡土,融入江村"作为设计的初衷,在对场地信息解读的基础上力图将纪念馆转化为开弦弓村的公共空间,并且在建筑设计中融入了许多聚落空间中特有的空间意象,整体意愿以关怀民生、服务江村为根本目标④。虽然其在建筑形态上呈现出现代建筑的时代感,但其背后则融入了乡土、叠合创新的结果。

　　分析心理学家荣格将大多心理问题的形成归结为某一"原型"由于受到阻碍而没有得到良好发展,由此精神系统做出自我调整从而表现为与病理相关的症状。其心理学治疗目标就是使受挫折的原型获得应有的发展。乡村聚落的营建也可以此进行类比,我国乡村聚落当前所面临的问题正呈现出这种"原型"受阻的状态。建筑形态的异化、本土文化的失根都体现出聚落系统自我调整中遭遇的病症。同时,发展决定了乡村聚落不会回到那个绝缘而内向的时代,原型的再现需要寄托一种新的形式。因此,叠合创新的方式使得原型能够最大限度地得到理想的发展,这是解决当下乡村问题的有效手段。

---

①　卢健松.自发性建造视野下建筑的地域性[D].北京:清华大学,2009.
②　刘家琨."再生砖·小框架·再升屋"计划[J].时代建筑,2009(1):82-85.
③　华黎.建造的痕迹——云南高黎贡手工造纸博物馆设计与建造志[J].建筑学报,2011(6):42-45.
④　李立,张承,董江,等.费孝通江村纪念馆[J].城市环境设计,2011(Z2):185-187.

5.3.3　营建过程的适应性干预——由生成到生长

乡村聚落风貌特征反映了一定区域内的建筑共性,是群体特征的合集,比仅仅关注单体更能展现地域风貌特征。不可否认,地域特征的再现最终要通过整体的形式表现,但这并不意味着营建过程必然从整体的方式着手。尤其对于乡村聚落而言,大量单体自发建造,而整体特征的涌现恰恰产生于这种单体间的相互诱发。

"适应性干预"关注乡村发展的延续性,将其视为有机生长的生命体,而非某个静止的片段。通过梳理系统内部的个中关系,调试各个子系统的相互作用力,从而引导乡村朝着更具有生命力和可调试性的方向完善,这是一个生长的过程。

1) 规划先行,生态优先

规划先行的目的在于从宏观上保证后续营建的整体性,将其限定在一个可控的范围之内,在聚落的生长框架下对营建活动进行引导,力图对整体建筑形态是否统一做出预判。这就需要在规划制定时进行专业的建筑风貌控制规划,对传统的元素和秩序进行整理,从而使得村落呈现完整协调的面貌[①]。同时,规划先行有利于保证生态自然、社会人文和乡村聚落发展三方面效益的有机统一。在乡村建设中,尤其是对于具有丰富历史文化遗存的传统聚落而言,应坚持保护优先的原则,产业的开发应建立在正确协调"保护"与"利用"之间关系的基础上,以持续发展的视野评价建设的利弊,从而杜绝因短视而引起的资源的无谓损耗。规划中应强化乡村特有的自然风貌、文化价值在当地村民观念中的重要性,明确乡村营建的内涵和方向,分别从发展目标、功能定位、空间结构、景观格局、道路系统、服务实施布局以及社会文化调控等方面进行部署和引导,为具体的实施建设建立明确的发展框架。

2) 单元植入,护改并重

乡村规划的统一部署为聚落空间的发展提供了正确的价值引导和有序的发展框架,而具体到建筑的营建层面,目标的达成变得更加真实,并且更加紧密地与居住者主体联系在一起,因此,在这一过程中应采用一种相对灵活的营建模式,更多地将原有村落中人的因素纳入实施的范畴,而不是通过刚性的方式直接生成一个"理想"的结果。

乡村风貌的形成源于众多单体间的相互诱发以及众多微小细节中不断涌现的整体性,村民之间通过学习与竞争逐渐促使风貌特征趋于模式化,局部对于整体而言不仅是其必要的组成部分,同时也制约着整体形态的形成。在乡村聚落营建中可以利用这一发生机制从局部的单体入手,通过将新建单元植入原有聚落格局之中的方式实现整体风貌的营建。对于一些既存村落,由于不同年代建造的房屋在建筑风格和建筑质量上存在明显差异,需要根据房屋的具体状态,如可否列为乡土保护建筑、是否需要维修重建、是否需要部分改建等指标进行评估,通过有机更新的方式将需要整改或重建的部分替换为新的居住单元。同时,在建造过程中应以土地利用最优化的原则,在保护用地生态的完整性的前提下,对曾经闲置或废弃的用地进行单元的加建,通过护改并重的方式实现新建单元的植入,并且达到强化乡村原有发展脉络的目的。

---

① 陈喆,周涵滔.基于自组织理论的传统村落更新与新民居建设研究[J].建筑学报,2012(4):113-114.

3）树立示范，诱发传播

单元植入的最终目的在于使之成为一个可被广泛借鉴的样本，从而在后续的自发演进过程中成为村民学习机制产生的诱发点。因此，样本的示范意义决定了它必须是集乡土性和前瞻性于一身的有机体，上文5.3.2中所描述的建筑形态的创造性延续就是实现二者统一的有效手段。需要强调的是，生活功能的便利、建造成本的低廉以及形态的美观和易接受度永远是传播能够产生的动力因素，因此在样本的设计过程中这些环节是应重点考虑的。

对于设计者而言，房屋也许只是一件承载着众多意义的"作品"，但对于村民而言却是需要在其中长久生活的"家"。建筑师在此过程中应更多地从使用者的角度出发，关注他们真实的需求和感受。否则，便只可能成为设计者自娱自乐的美好愿景，在真实的乡村生活中却变为一纸空谈。当然，传播的诱发在不同背景下其效率是不同的。如在灾后重建的背景下，这种样本的意义是巨大的，可以在建筑师的引导下很快成为村民效仿的建造方式。而在多数情况下这种演变可能需要更多时间的累积才能渗透至村民的认知当中，但这种影响一旦发生由"量"及"质"的变化，便会产生整体形态的突变，进而演化成为一种新的"秩序"。更重要的是，这种变化是根植于认知深处并可以继续生长的，会在更长的时间内继续产生"反应"。相比一次成型的整体建造方式，单元植入的方式更加契合乡村聚落内在的发展机制，也更具有生命力。

5.3.4 表达方式的乡土性融合

主体语境下的乡土性表达决定了其内涵的灵活性，但并不意味着将问题引入一种不可知论。表达的关键在于理解和把握乡村聚落营建中主体间的差异关系、真实与想象的取舍以及居住者的生活方式和价值取向。因此，针对乡村聚落演进过程中所表现出的真实、生长，有机等特性，应将其作为地域性表达的着眼点。

1）现象即本质

乡土性的表达方式建立在最为直观的乡野生活之上，即现象。现象不仅具有物质层面的第一空间属性，也具有精神层面的第二空间属性。通过对现象直接的观察获得对事物本质的理解，是排除中介干扰因素建立真实与想象关联的有效手段。物质形态是地域环境营造的直接载体，任何深层的精神积淀都会附着于其中成为地域特征的外在表现。然而，在对现象观察的过程中，很多时候却仅仅关注物质层面的形态而忽视了其内在特质，特别是当物质层面呈现出一种杂乱、破旧的景象时，其内在的空间与价值属性更易被遗漏。

这一现象在我国乡村中普遍存在，如湖南省韶山市韶光村，由于不同年代建筑的混杂以及村民后期对房屋的加建，乡村风貌呈现出一种看似无序的状态（图5-12），与传统乡村聚落质朴的乡土特色相去甚远。然而，一旦对既有现象融入更深入的思考便不难发现，即便如此，村景也包含着对环境最传统的回应。山地村落与滨水村落在空间营造手法上截然不同，并且建筑的局部反映出村民基本的生活需求。例如，滨水村落一处主体建筑之外的临时工棚是农具杂物的堆放处，一旁的院墙作为室内外空间的边界，但是二者的并置不仅使得建筑的完整度被削弱，而且住户在放置工具后需绕行院墙外侧进入宅院，也带来了使用上的不便。在设计中可将二者进行整合既可以提升整体形态的一致性，又可使居住者通过工棚直接进入宅院，从而提高使用效率。可将乡村的建设要素划分为固定要素和非固定要素两类：

固定要素通常指房屋主体及其结构,非固定要素则指院墙、门窗、栏杆、景观以及临时性构筑物等。可以发现,在实际中最易导致乡村风貌无序的正是这类非固定要素,同时也最易反映出居住者对功能、经济以及装饰方面的诉求,更重要的是,在更新中这类要素也最易操作,因此从非固定要素的观察着手进行乡村整治可谓一举多得(图 5-13)。

图 5-12　山地村落与滨水村落现状

(资料来源:课题组拍摄)

图 5-13　山地村落与滨水村落更新效果

(资料来源:笔者自绘)

纷繁现象的背后具有本质的恒定性,始于"现象"归于"本质"是对乡村聚落中居住主体的生活方式和心理诉求的关注,其意义在于挖掘表象下蕴含的行为机制,而非浮于形态本身以孤立的视角作为判断的标准。将现象与本质视为有机的统一体是乡村聚落地域性营建的必要途径。

2)手段即目的

当地域性的生成由一种自发状态向自觉状态转换时,便会伴有明显的目的性。地域性形成以前,构造做法与材料选取仅仅作为一种建造的手段,而当地域特征成为一种显性的存在时,二者自身潜在的表现力便被逐渐认知并且升华成为一种独立的价值,从而成为地域性表达的目的。从这一层面上看,强化地域性是手段和目的的统一,并且反映出一个重要倾向就是对建造方式的重视。实际上这一倾向在现代主义建筑思潮已有表现,"高技派"作品巴黎蓬皮杜文化艺术中心、香港汇丰银行大厦、伦敦劳埃德保险公司大厦等是这方面的重要代表,它们均体现了建造方式与形式语言的统一。然而,在乡村聚落中却表现出一种"低技"的倾向,其主要反映在对当地技术与材料的使用。

在笔者参与的韶山希望小镇的规划设计中,通过对韶光村现有建筑中材料的提取、归类,将本土普及率最高的红色黏土砖、青灰空心砖以及竹、木作为新建建筑材料(图5-14)。同时重点关注乡土建筑中一些特殊的建造方式,如当地民宅中普遍存在一种通过环状混凝土短柱搭接而成的垂直支撑形式,在室内外都有广泛的使用(图5-15、图5-16)。虽然这一风格化形式的表意性突出,但其技术上的弊端导致了结构的不稳定性,这与其产生的时代背景下经济限度因素有着直接的联系,因此在地域性表达中对此类建造方式的借鉴与否需要融入新的视角。在希望小镇接待中心设计中基本贯彻了以上思路,主体墙面选用黏土砖,楼梯间局部透光部分使用空心砖予以搭配,并且均以当地最为普及的清水砌筑方式进行施工,内部围廊采用竹木材质成序列布置用以替代城市公共建筑中惯用的U形玻璃,在达到视线的半透明性的同时经济成本更加低廉。此外,一处堆放于路边的施工废弃物引起了我们的注意,其环状的形式和可搭接的构造方式与民宅中的特殊"柱式"如出一辙,但其尺度更大且更加修长,与接待中心公共建筑的特征十分吻合(图5-17)。在施工过程中考虑到其结构支

| 黏土砖 | 空心砖 | 竹材 |

图5-14 本土材质提取
(资料来源:课题组拍摄)

图5-15 当地"柱式"(室外)　　**图5-16 当地"柱式"(室内)**　　**图5-17 施工废弃物**
(资料来源:课题组拍摄)　　　　(资料来源:课题组拍摄)　　　　(资料来源:课题组拍摄)

撑力较弱的弊端,故在其中配以钢筋浇筑而成以达到合理受力标准。这类表达手段不仅在于对传统形制的延续,更重要的是对原本的废弃物进行再诠释与利用,最大限度地挖掘材质自身的特性,开拓新的可能性(图5-18)。通过传统的技术手段实现本土地域性的还原是手段与目的的统一,并且从本质上体现了地域特征表达过程并非仅仅一味地追求目的的达成,更是设计者重新认知建筑本体的真实意义的过程。

红砖主墙面　　　　空心砖楼梯间外墙　　　　乡土柱式再诠释　　　　竹材用于空间隔断

图 5-18　韶光村接待中心中乡土材质的利用

(资料来源:课题组拍摄)

3)"未完成"即"高完成"

建筑师对于建造的传统认知大多从专业和技术的角度着眼,将房屋视为一般的工业化产品,尤其强调建造的高完成度。所谓高完成度就是强调建筑设计与建造成果的一致性,设计预期与建成的一致性越高就意味着完成度越高,反之则完成度越低。然而对于乡村聚落而言,即使是具备很高完成度的建筑也不可避免地在后期的使用过程中受到来自村民主体的影响。他们出于自身的需求或某种特定观念对建筑进行改造、加建,随着时间的推演使得建筑逐渐偏离建成之初的形态。因此,单纯地强调设计与建成的一致性或完成后的不可更改性,是对使用主体和时间要素的忽略。行为因素与自然因素都会在建筑生成后不断地对其产生影响,使得建筑持续地处于一种"未完成"的状态,正是这种"未完成"的不确定性才带来了地域特征的鲜明性。因此,在地域性表达时应充分考虑到演进中的可变性,以一种"未完成"的思路予以应对。首先,村民自建行为不仅是居住生活的组成部分,而且也体现着一种质朴的生活需求,那么在设计之初便应将其行为机制加以考虑、迎合,达到使建筑改造最少或改后不影响原设计表达的目的。其次,虽然村民的自建行为一定程度上体现着地域的生活特征,但过度的改建又会导致村落整体形态的无序化,因此在设计中应设定弹性的发展边界,将改建维持在可控的范围之内。最后,乡村建造并非建筑师单方的主体行为,而是与村民主体间互动的过程,因此需鼓励和加强协同建造,将后续可能的改建行为体现在建造之初,从方式上给予建造最大的自由。

"未完成"的表达策略强调的是一种动态的完善而非静止的一致性,不仅融合了地域性固有的内在精神,也在一定程度上规避或减弱了建成后的不确定性,从而实现设计预期的最大化,是主体语境下生长着的"高完成"。

5.4　乡村聚落营建的实施原则

营建活动的实施是一个综合而复杂的过程,上文分别从生态自然、社会人文、聚落空间三个层面进行解析的目的在于可以更具针对性地把握各个层面的侧重与核心要素。但在实际操作中三者之间的定位和分界往往是模糊的,这便需要在深刻理解以上关键环节的基础上,结合乡村的特性、融合相应的实施原则贯穿于其中。具体包括四点:整体性原则、开放性原则、渐进性原则以及主体性原则。

5.4.1　整体性原则——整体联动、协同并进

乡村聚落是由自然环境、社会环境和建成环境共同构成的复合系统。当三个子系统相互适应达到动态平衡时,聚落功能向健康的方向发展;而当三者中的某个因素发生了变异,则需要人为地调适系统的平衡,实现聚落系统的可持续发展[①]。因此,乡村聚落的营建不可能通过单一层面的实施而达成其表象之后体现着自然、社会等要素的集合。营建过程需建立在尊重和维护场地信息完整性的基础上,通过整体性的视角予以把握。

整体性原则包含空间与时间两个方面。空间层面的营建策略体现在将自然景观与人文景观同时纳入整体营建的范畴之内,环绕乡村的山水植被等自然环境要素以及乡村内部的房屋道路等建成环境要素以及文化习俗等非物质要素应完整地融入营建预期结果之中。时间层面强调乡村聚落营建是一种生长着的整体性的过程,是人们长久以来生产和生活方式的体现,包括必要的改变以及针对周边环境约束而进行的不断调整。因此,营建中应尊重这一过程中的各类相关信息,并确保未来的发展具有连贯性和完整性,从而避免局部化、片段化引起的发展失稳。

整体性原则在操作中要求乡村聚落营建不是采取简单的"头疼医头、脚疼医脚"的方式,而是将其视为系统,分析问题之间的联动关系,通过对事物之间的联动关系的调试,疏通影响各子系统之间物质、能量、信息流联系的环节和方面,从而提升各子系统及整个系统的活力,使其处于良性的动态循环之中[②]。通过相关领域的学者与专家共同参与和协作,将工作过程纳入整体性原则之内,而非仅仅关注其工作结果。

5.4.2　开放性原则——开放构架、公众参与

乡村聚落营建的参与者包括村民、政府、村委会、建筑师以及其他非政府组织,他们在参与营建的过程中有着各自的角色地位,其中最为关键的两类参与者——村民和政府在营建活动中作用力的不同直接导致乡村营建中存在两种模式:自下而上和自上而下,或可更加具

---

①　李贺楠.中国古代农村聚落区域分布与形态变迁规律性研究[D].天津:天津大学,2006.

②　吕红医.中国村落形态的可持续性模式及实验性规划研究[D].西安:西安建筑科技大学,2005.

体地称之为,村民主导型与政府主导村民参与型。在日本的乡村建设历程中,不仅明确了村民的主体地位,而且更加细化了这种参与模式,其经历了"非参与型—村民参与型—村民主体型"的发展模式的转变①。第一种到第二种的转变是彻底的,第二种与第三种的进步是微妙的。这种微妙体现在规划的责任主体,前者是政府主持和负责,后者则是村民,但后者村民仅是规划理念上的主体,仍然要政府以及其他参与者的协助和支持。

传统的乡村规划中,公众只在方案公示和方案实施过程中有所参与,从形式上村民获得了知情权和监督权,但实际上村民享有的却是一种被动的知情权与监督权。开放性原则强调以村民为营建主体,不仅要从营建的设想阶段将村民的认知特征纳入进来,而且还要鼓励村民参与到规划目标确定、方案选择等重要程序环节。这就需要政府、村委会以及建筑师提供尽可能多的途径让村民去了解规划的意义、提高自身素质和参与规划方案定夺。在前期调研中,可以通过搜集大量资料,得到地区的资源状况、社会发展阶段、行政支持力、民居特征中体现的认知方式等关键信息,并在此基础上开放营建的构架,建立适合地区发展的公众参与方式,最大限度地实现以村民为核心的实施模式②。

5.4.3　渐进性原则——模式引导、初步建造

乡村聚落的内在价值源自漫长演变历程中逐渐形成的多样性与复杂性,类似生命体的生长过程一般在时间的推进中不断得到完善和进化。渐进性原则强调让营建"慢"下来,这里的所谓的"慢"并非指营建效率的低下,而是在把握乡村演进特征的基础上合理地调整建造的方式和控制力度。"慢"的核心在于保留更多的时间对村民固有认知和场所所承载的信息做充分的判断、提取和学习,"慢"的意义在于将变化的发生置于村民的生活之中,通过"序"的形成进而在乡村聚落内部产生"化学反应"。在建筑师融入乡村营建的过程中,"慢"意味着设计者需要将本应属于使用者对资源财产的建造权与部署权归还给他们。当然,这种权力的释放并非无限制的,而是在保证聚落的有序性和建筑的可靠性前提下的给予。有序性的保证可以通过在宏观层面上对聚落格局的延续和邻里单元的重塑得以实现。同时,对于建筑单体而言,设计者应最大限度地发挥本身具有的专业技能,通过模式引导对建筑主体结构的确立和适宜性技术的运用,只建造固定的相对难以更改的部分,而对建筑的非固定要素,即那些相对易变的部分留给村民,充分发挥自发性建造的优势。自建模式不仅保存了聚落空间和单体的多样性和灵活性,而且也是经济价值的体现。通过自建的过程使得"社区的'自我造血能力'可以得到培育和提高,乡民们的契约意识和法理意识也将得到增强,同时有可能在此基础上产生'生产合作组织'及其相关机制,并最终形成乡村或地方社会的经济内动力"③。渐进性原则在实施中体现了建造的阶段性,是一种初步的、"未完成"的建造方式,对乡村固有的营建活动有促进和推动作用。

---

① 星野敏,王雷.以村民参与为特色的日本农村规划方法论研究[J].城市规划,2010(2):56-58.
② 张尧.村民参与型乡村规划模式的建构[D].南京:南京农业大学,2010:30-34.
③ 王冬.乡土建筑的自我建造及其相关思考[J].新建筑,2008(4):18.

5.4.4　主体性原则——面向主体、激励互助

十七届三中全会通过的《中共中央关于推进农村改革发展若干重大问题的决定》提出建设社会主义新农村必须遵循的重要原则之一为："必须切实保障农民权益,始终把实现好、维护好、发展好广大农民根本利益作为农村一切工作的出发点和落脚点。坚持以人为本,尊重农民意愿,着力解决农民最关心、最直接、最现实的利益问题,保障农民政治、经济、文化、社会权益,提高农民综合素质,促进农民全面发展,充分发挥农民主体作用和首创精神,紧紧依靠亿万农民建设社会主义新农村。"乡村聚落营建也必然将村民主体性作为重要的实施原则。主体性原则是从人的内在尺度出发来把握物的尺度,是人对世界和自身的实践原则,强调人的发展和人的主体地位对改造环境的重要意义。与无政府主义和个人主义相比,主体性原则注重认知事物的客观性,这种客观性是包含客体对象和主体活动的客观性。

主体性原则在贯彻中的难点在于:如何发挥村民在乡村营建中的积极性和自主意识。可以借鉴韩国新村建设中实行的激励模式,将乡村分为基础村、自主村和自立村,只对后两种给予奖励和补助,并且是物质和精神上奖与罚的双重激励机制[1]。这一方式不仅强化了村民在乡村营建过程中的主体地位,而且也提高了村民的积极性和参与性。

同时,主体性原则的有效实施需要保证村民具有较强的自我效能。所谓自我效能是指一个人在特定情景中从事某种行为并取得预期结果的能力,它在很大程度上指个体自己对自我有关能力的感觉。简单来说,其就是个体对自己能够取得成功的信念,成功的经验会增强自我效能,失败的累积则会降低自我效能[2]。社会学习理论的创始人美国心理学家班杜拉认为,人们是否努力解决某一问题以及这种努力持续的时间都取决于人们是否相信自己有能力做出某种改变[3]。因此,在建造过程中可以通过动员和启用本土工匠,更多地选择乡土材料、地方技术和手工技艺的方式,提升村民的自我效能,通过他们最为熟知的方法和模式使村民真正成为乡村营建的主体。

可见,主体性原则并非是简单地遵循农民意愿的问题,而是要结合村民的权益,提升村民的公众参与意识,在参与中通过激励的方式强化其参与的积极性和实践中的自我效能,并最终实现村民生活家园的营建[4]。

5.5　本章小结

乡村聚落营建是一个综合而复杂的过程,本章基于上一章节关于乡村聚落营建与村民主体认知图式之间关联的解析,以相对简练的方式分别从乡村聚落的生态构建、人文营造以及空间营建三个层面探讨具体的应对策略。在生态自然层面,强调对传统认知中"共生"环

---

①　侯彦全,姜亚彬,李安康,等.国外新农村建设模式的分析研究及其启示[J].农村经济与科技,2011(5):96.
②　高申春.人性辉煌之路:班杜拉的社会学习理论[M].武汉:湖北教育出版社,2000:106-110.
③　周菲,白晓君.国外心理边界理论研究述评[J].郑州大学学报(哲学社会科学版),2009(3):14.
④　王雷,张尧.乡村建设中的村民认知与意愿表达分析——以江苏省宿迁市"康居示范村"建设为例[J].华中建筑,2009(10):91-92.

境观的继承、营建中关注适宜性生态技术的运用和生态环境评价的落实,并通过国家政策的制定和大众传播渗透的途径强化观念传播的主动性。在社会人文层面,提出了乡村发展中由于认知的变更所形成的四类文化形态,并针对各自的特征提出了相应的对策。同时,通过对乡土景观在文化营造中的价值认知提出了对其可辨识性保持、强化以及适度开发的营建策略。此外,针对建筑师融入乡村营建过程中与村民之间所产生的认知差异,提出了采取价值认异的方式对各方价值取向进行包容与整合。在空间聚落层面,分别从中观和微观两个尺度进行营建策略与方法的凝练,包括空间结构的真实性还原、建筑形态的创造性延续、营建过程的适应性干预以及表达方式的乡土性融合四个方面。本章最后提出了基于村民主体认知的乡村聚落营建应遵循整体性、开放性、渐进性以及主体性的实施原则,原则的提出为指导实践过程中村民主体地位的强化提供了依据。

6 实证研究——浙江长兴塔上乡村聚落营建方法

6.1 案例选取与研究视角

6.1.1 案例选取的背景

党的十六届五中全会明确提出建设社会主义新农村是贯彻落实科学发展观,从根本上解决"三农"问题的重大战略决策,也是我国现代化进程中的重大历史任务。浙江省委、省政府高度重视社会主义新农村建设工作,自 2006 年起全省农村工作会议便对此项工作做了全面部署,着力推进新村建设,提出要努力使浙江成为新农村建设水平最高的省份之一。长兴县生态良好,以山水清远著称,其地貌结构多样,农业资源丰富,乡村经济发达。该地区地理位置优越,交通便利,城乡发展相对协调,在浙江省农村经济发展和村镇建设方面有着重要的地位,其先发优势将对浙江全省乡村"生态人居"的可持续发展产生不可忽视的作用。

本章选择长兴县塔上村作为研究案例,通过对乡村聚落人居环境的深入调查研究,把握该地区特定的生态环境、资源条件、社会文化脉络、生计方式、营建技术等方面因素,以建立科学的营建方略和提供适宜的技术支持。同时,在以往理论研究的基础上,进一步强调实施建设中对村民主体的关怀,从而体现出营建的"地方性""适宜性"以及"可操作性",争取在理论创新、实践创新、技术创新等方面搞好试点,积累经验、探索规律,为全省乃至全国的新村建设做出重要的贡献。

6.1.2 营建目标的明确

目前,乡村营建中充斥着急迫的功利性,其布局要么直接跟随城市空间格局,要么试图复制过去某一时期的传统形态,整体呈现出一种无根的状态。这种意识形态上的虚无态度导致乡村风貌走向一种简单的、媚俗的"山寨"状态。由于社会变迁引起的价值取向的变更使人们丧失了起码的清醒,这种生活状态与思想意识的无根性,正是当前乡村建设中用轻浮的东西去替代原本扎根于地方和生活现实的东西的症结所在。

村民主体认知视角下营建方法的形成显然不是迎合和助长这种在超文化形态下衍生出的无根现象,而是要挖掘和利用认知中相对稳定的和优良的认知图式,从而达到地方性再造和本土文化再生的目的。本土性再生要从乡村聚落营建的地方语言的恢复和培养开始。地方语言是由村民的生活方式、公共观念、自我意识以及生态环境共同构建的集合,与地方场所高度相关,是个体性与群体性的综合呈现。聚落空间的群体性是建构在个体单元的不断复制与累加的基础上的,个体单元的不断演进制约着群体秩序的形式。故对村民个体性的充分解读有助于剖析营建的群体性策略。

让乡村回归其本真的状态是乡村聚落营建的重要目标所在,因此研究的重点在于通过聚落空间中所包含的场所信息对村民的认知方式进行把握,辨析长兴地区特定的乡村空间聚落形态,在考虑自然条件、社会条件的基础上得到清晰的答案。聚落场所蕴含着巨大的潜力,应挖掘其中所承载的关于村民认知的智慧和可能诱发空间形态的因素,并在营建中充分利用其增加场所的力度。建筑应当是存在于场所的,并且是反映了当地居住者应对自然的行为方式和人文情态的空间形态。在乡村聚落的营建中,应把与场所无关的因素排除在形态之外,通过将村民自发创造出来的优良的地方基因保留在场所之中,从而确定能够适应此时此地主体认知的营建体系,并最终融汇于聚落空间和建筑风貌的表达之中。

6.1.3 主体认知视角下的营建方法

乡村聚落的营建策略和实施方式在许多学科领域已经得到了广泛的探讨,主体认知视角下的营建策略的形成并非一种颠覆性的操作方法,而是将原本相对成熟的营建方式与具有探索性的理论相互契合,形成一种以村民主体为主线的实施策略。

需要再次强调的是,村民主体认知视角下的营建策略并非简单地按照现今村民的意愿进行设计,或者仅仅将初始建造者和历史上某一时期村民的主体认知作为营建的依据,而是将村民主体认知作为一种动态的发展历程去认识。学习和继承其中优秀的经验和传统,尊重认知中固有的人文风俗,对变迁中的认知变更动因进行判定和梳理。建筑师在参与营建的过程中应在理解村民主体认知的基础上,充分发挥自身的专业素养以及统筹能力对以上因素进行提取和把握。

村民的主体认知可以凝练为生态认知、社会认知以及空间认知三个层面。三者共同作用于聚落空间,并以物质形态表现在场所之中。因此,对村民认知的把握可以通过场所传达的具体的信息加以评定,并且在具体的实施过程中结合传统乡村营建中蕴含的普适智慧和乡土社会特有的文化范式,以及当下村民的现实需求进行综合权衡。通过对场所信息的把握和村民主体意愿调查相结合的方式,对其中积极因素和消极因素进行甄别,并最终确定乡村聚落营建中可供参考的控制因子。

乡村聚落的营建可以从两方面切入:一方面是聚落空间的整体构成,另一方面是作为聚落中与生活相关的基本单位的居住单元。两个方面是在同一个主体视角下建立起来的,通过对单元要素在不同人居尺度的组织与配置,可以增加乡村聚落形态的同一性,进而凝聚出具有人文关怀特质的空间语汇。

6.2 场所信息的把握与村民主体意愿调查

6.2.1 场内影响要素的提取

1)自然生态特征

塔上村内水资源丰富,水系水网交织于村落内部,水域广阔,沿河拥有开阔的景观视野,属于十分典型的平原水乡地区。地势整体南高北低,地形高差起落小,相对较为平缓。村庄南侧被延绵不断的群山所环抱。山水交融的自然风貌为塔上村人居环境的显著特征与优势所在,中国传统山水文化同样根植于这田园风光之中。

塔上村属于典型的亚热带季风气候,受太平洋季风影响,四季分明,冬夏长,春秋短,光照充足。气候温和,雨量充沛,冬无严寒,夏无酷暑,全年平均气温为 15.6 ℃,气温变化幅度在±0.5 ℃~0.7 ℃。常年日照数为 1 865 h,平均降雨量为 1 300 mm。3—9 月为全年降雨集中期,其降雨量占全年降雨量的 75% 以上。降雨概率分布特点为:夏季最多,冬季最少,春季多于秋季。塔上村处于长兴县西部低山丘陵水土保持林经济区,常见森林植被是马尾松群系为代表的暖性针叶林及常绿针阔混交林、常绿落叶阔叶林。松、竹、樟等多种经济林和用材林业常作为村民传统民居中的营建材料,形成鲜明的地域特征。乡村南部是延绵的群山,蕴含高品质的石英石,储量约 10 000 万 t 以上,可广泛用于玻璃纤维制造和高档玻璃生产,随着村民对自然改造能力的提升,山体资源成为乡村工业发展的优势依托,但由此也带来了资源开发与生态环境保持之间的协调问题,这是乡村营建应着重考虑的。

乡村内部农田较多,建设用地较少,以广阔的田园作为背景,其间点缀着种植果林,成为乡村中富有特色的生态景观。流经其间的是清秀的溪流,成为编织景观的脉络,形成连续、丰富、细腻的景观体系。在村的中心,有保护完好的百年红檀,其枝叶繁茂已然成为村民停留和集聚的场所。其整体特色可谓水秀、岩奇、村古,山水风光与田园情趣相融。

2) 社会产业特征

塔上村所在的泗安镇是一个建镇历史悠久的古镇,曾经是长兴县的第一大镇。地处浙、皖两省和长兴、广德、安吉三县交界之腹地。境内交通发达,出行便捷,其中 318 国道穿境而过,有东西走向的申苏浙皖高速和南北走向的杭长高速。目前 318 国道已着手南迁,南迁之后的路线经过泗安南面包括塔上村在内的几个行政村。泗安镇地处长江三角洲,特殊的地理位置、自然条件和产业结构也使其在长兴县中有着较高的经济地位。

塔上村经济发展迅速。2007 年塔上村集体总收入 3 791 万元,人均收入 8 910 元,其中农业收入 1 185 万元,占总收入的 49.7%,二产收入为 305 万元,占总收入的 8.4%,三产收入 1 601 万元,占总收入的 42.23%。截至课题调查时全村拥有个体私营企业 30 余家,以轻纺、矿石加工、蛋鸭养殖、苗木种植为支柱产业。粮食生产、蚕茧生产基本都处于中等水平。随着效益农业的迅猛发展,加大了对茶叶特色农产品的市场品牌推广力度,逐步形成新型高效农业生产模式。

村民的闲暇时间文化生活丰富,整体生活水平比较富裕,经济发展呈现出快速稳定的良好发展态势。但村中依旧存在零散贫困户,如何消除贫困达成共同富裕,成为下一步发展需要重点考虑的问题。村民的学习、娱乐生活通过自发形成,相对固定了生活圈层和交往场所,这是要在后续乡村营建中应给予尊重和延续的。

6.2.2　建成环境现状的把握

塔上村村民在地区生态环境、社会发展因素以及主题价值取向的共同制约下,逐渐形成具有地方特色的乡村营建方式。这种集体的共同意识不仅体现在聚落格局的演进中,也反映在建筑单体的营建中。

1) 聚落格局与现状用地

塔上村占地 7.53 hm²，居住户数 70 余户，居住人数 264 人。建设用地主要集中在村内部道路两侧，地势平缓，截至课题组调查时规划整治建设用地 5.51 hm²，人均建设用地 120 m²。乡村的用地结构中包含：种植用地、农田用地、住宅用地、工业用地、村委会用地以及水系。其中以水系和农田所占比重最大，住宅用地在山、水、田的环绕下位于乡村用地的中心位置。种植用地以散点的形态镶嵌于农田与住宅之间。工业用地位于乡村的最东侧，位置相对独立，但有进一步发展趋势（图 6-1）。

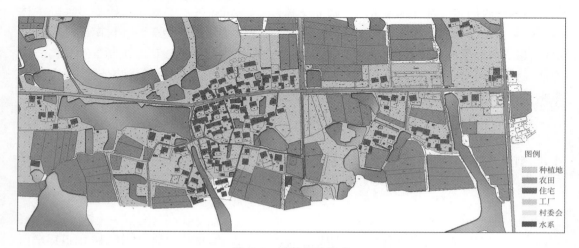

图 6-1　现状用地构成

（资料来源：课题组绘制）

现有村庄在布局上基本呈现出传统村落的聚落格局（图 6-2），建筑、道路和自然环境有机融合成为乡村的肌理。自发建设自由生长，形成了丰富细腻的聚落空间和原真的乡村生活状态，这是历史的积淀。聚落格局不仅映射着村民的生活和场所之间的关联，也包含着村

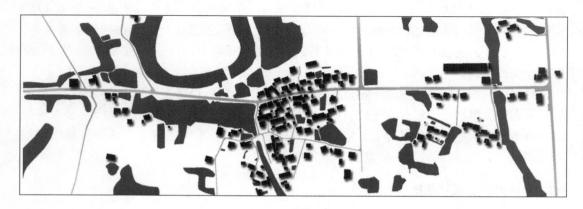

图 6-2　村庄原有肌理

（资料来源：课题组绘制）

民对场所的认同感、归属感,归根结底是一种地方感和地方认同的存在。村庄整体肌理成散点式分布,用地东侧和中部有两个相对集中的村民居住点,并且通过村庄内部组团级道路网络相连(图6-3)。

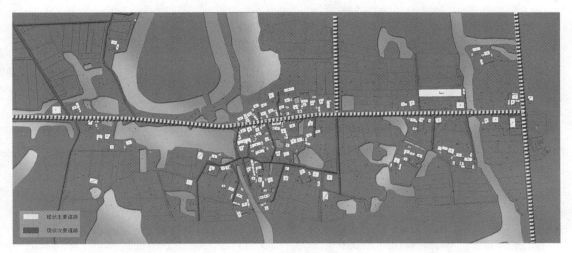

图6-3　村庄现状路网

(资料来源:课题组绘制)

但随着产业格局的调整和经济发展需求的强化,这种布局在与现代生活对接时产生了一定的排异现象。由于机动车逐渐普及,其成为村民外出的便捷交通工具,但现有道路系统普遍偏窄,且无法满足消防安全的最低要求。除出入境道路已硬化外,其余道路均为土路,一旦雨季到来,会给村民生活造成很大不便。同时,虽然村内两居民点之间保有用地,但由于停车场地的缺乏,车辆乱停现象严重。由于村民生活状态的变更,缺乏对乡村发展、生态环境、公共服务、基础设施建设的规划以及其土地利用规划的衔接,难以满足现代生活的需求。

2) 建筑单体与相关设施

在过去的新农村建设中,塔上村已经进行了部分针对环境的改造建设,一定程度上美化了村内的居住环境。但随着经济水平的提高,村民对自家住宅的需求,从满足基本的居住功能向追求更高的居住品质过渡,并且逐步发展成为一种"竞赛式"的建造。民宅风格各异,每户都竭力彰显自家房屋的特色,并以这种群体风格逐步替代原有的乡村风貌。

现状建筑根据房屋的建筑质量,可分为好、中、差三个等级(图6-4),好的建议保留,中等质量的可进行整治,质量差的则根据情况进行拆除。建筑层数为1至3层,新建住宅一般为2到3层。虽然建筑风格差异较大,但建筑屋顶基本上以坡屋面占绝大多数,双坡、四坡形式均有,基本无平顶(图6-5)。屋面色彩上从砖红到熟褐色系的占总建筑的七成,今年修建的屋顶也有不少蓝灰色系屋面,而该地区老房子中的屋顶多以深灰色为主(表6-1)。建筑墙面材质以涂料和面砖为主,灰白色构成乡村的主体色调(表6-2)。同时,在一些老房子中还存在少数夯土外墙,成黄色调,而新建的房屋色彩的明度和彩度则比较繁杂。建筑细部装

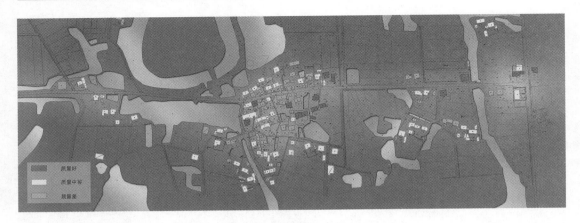

图 6-4 村庄现状房屋质量分级
（资料来源：课题组绘制）

图 6-5 现状建筑屋面
（资料来源：课题组摄制）

饰在新建的建筑中多以欧式元素为主，而老建筑则依然保持着传统民居的形态（表 6-3）。

　　面对现存建筑大量元素的并置，它们代表了村民在不同时期和不同社会背景下，基于不同价值观和审美取向所营建的居所。其中良莠并存，在现状要素特征把握时必须明确哪些要素是经济的、民俗的、宜人的和协调的等，而哪些要素则是浪费的、无根的以及模式化的（表 6-4）。只有在对此建立清晰的认知的基础上，才能够判断在营建中的定位和取舍。

表 6-1 现状建筑屋面色彩提取

	现状分析	色彩提取	解析
赭红色系		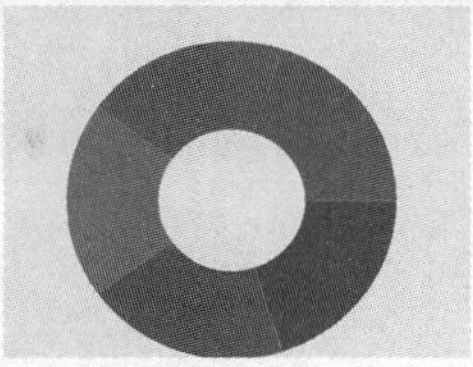	从砖红到熟褐色系的屋顶约占总建筑的70%
青灰色系		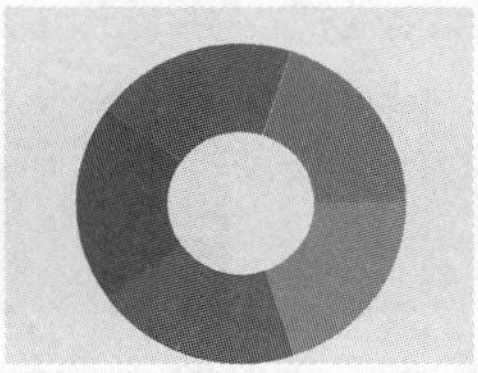	2005年以后修建的屋顶中也有不少蓝灰色系的屋面
深灰色系		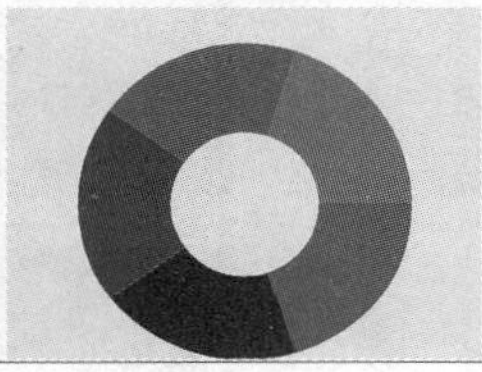	该地区老房子中的屋顶大部分为深灰色,近年来新建的住宅中也有少量

(资料来源:课题组绘制)

表 6-2 现状建筑墙面色彩提取

	现状分析	色彩提取	解析
黑白灰色系		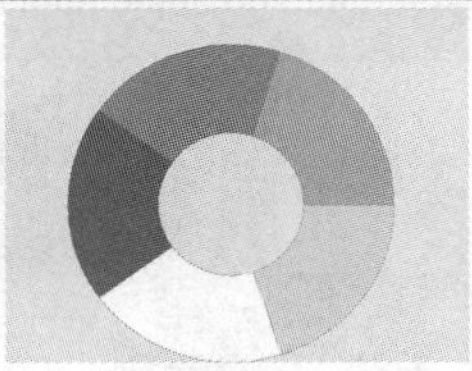	白色主要是涂料与面砖,深色则主要是地方石材与灰砖,发旧的灰白色构成了当下乡村的主色调
土黄色系		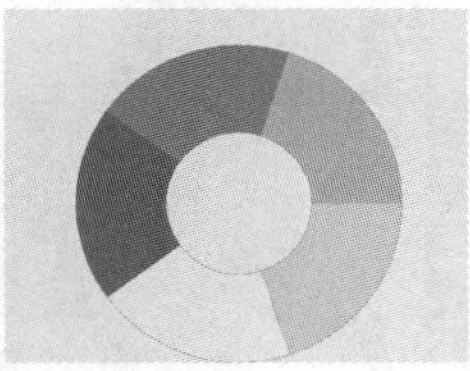	老房子中有不少夯土墙或外墙抹黄泥,于是土黄色成为一种常见的颜色
其他低彩度颜色		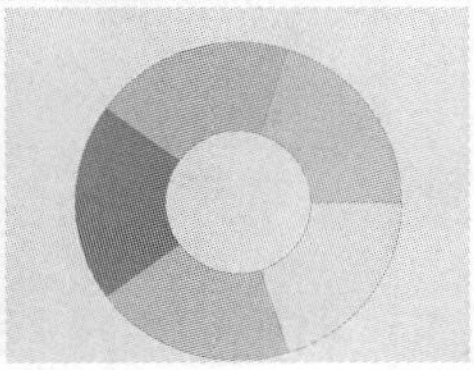	新造的房子中,开始出现各种明度与彩度的色彩

(资料来源:课题组绘制)

表 6-3　现状建筑材质提取

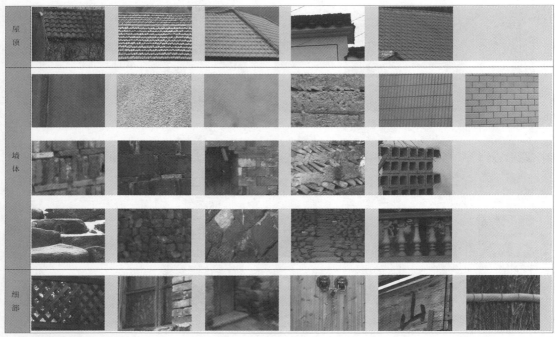

（资料来源：课题组绘制）

表 6-4　现状建筑要素的特征把握

	推荐做法		不宜做法		
经济					滥用
民俗					无根
简洁					烦琐
宜人尺度					失衡尺度
协调					突兀
就地取材					模式化

（资料来源：课题组绘制）

6.2.3 村民主体意愿调查

对于场所信息的提取和诠释是从客体对象剖析主体认知的方式,但空间对人居的功能最终应回到环境空间中人的行为、感受、意愿。正是聚落中个人活动的集合才构建了整个聚落的环境。采用对村民主体意愿调查的方式可以更加具体地分析村民生活与空间系统之间的相互作用关系及影响因素,以现实生活视角去理解乡村聚落空间布局与乡村居民的具体生活需求之间的关系,并最终体现在建成环境之中。

1)调查方式

调查的根本目的在于理解和认识乡村演进真实的状态,掌握居民的生活现状和需求。乡村规划中"驻村体验"的提出强调了研究者应该改进研究分析问题的思想,将自己融入乡村的场所中去感知和解读乡村的信息[①]。乡村的情况复杂,每个村庄都有自己独特的情况,村民的社会、经济背景相差较大,特别是有相当一部分乡村居民的受教育程度不高,常规的书面问卷调查不能有效地反映乡村居民的真实想法与感受。因此采取访谈方式进行。

根据住宅的不同位置从村内随机选取村民进行现场访谈,同时结合村委会对村民意愿的汇总,被访者中半数以上人口务农,其余从事第二、三产业,多数人曾接受过中、初等教育。调查针对居住环境满意度和期望的住宅类型设置相关问题,通过与乡村居民聊天的方式,调查人员将问卷中的问题包含在闲聊的对话中,每个问题都包含相应的居民满意度及重要性比较信息,通过诱导深入的方法提取乡村居民意识中深层的想法和感受。

2)村民对居住环境的意愿总结

村民对现有居住环境的态度体现了对乡村营建的意愿表达。调查村民对居住环境的意愿需明确居住环境的影响因子,可根据乡村的特点,从影响居住的物质环境和非物质环境进行考虑,具体分为居住地理条件、乡村产业构成、公共产品供给、居住空间模式四大考察类型(表 6-5)。

表 6-5　居住环境影响因子构成

影响因子	居住地理条件	乡村产业构成	公共产品供给	居住空间模式
主要成分	村落的布局	产业结构	乡村道路建设	宅基地规格
	乡村的地形地貌	产业规模	水电供应设施	户型的模式
	对外交通可达性	产业布局模式	水利设施	住宅的体量
	生态景观环境	产业布局距离	垃圾收集与处理	住宅的形式
	服务设施距离		公共交通设置	宅院的设置
			医疗文卫服务设施	邻里的氛围

(资料来源:根据朱炜《基于地理学视角的浙北乡村聚落空间研究》整理)

---

① 葛丹东,华晨.论乡村视角下的村庄规划技术策略与过程模式[J].城市规划,2010(6):55-56.

通过以上影响因子的筛选和基本情况调查（图 6-6、图 6-7、图 6-8），在调查中我们发现

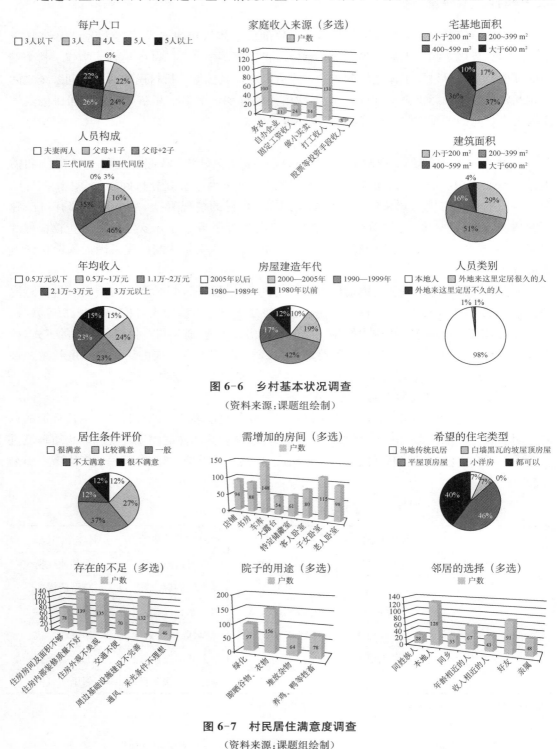

图 6-6　乡村基本状况调查

（资料来源：课题组绘制）

图 6-7　村民居住满意度调查

（资料来源：课题组绘制）

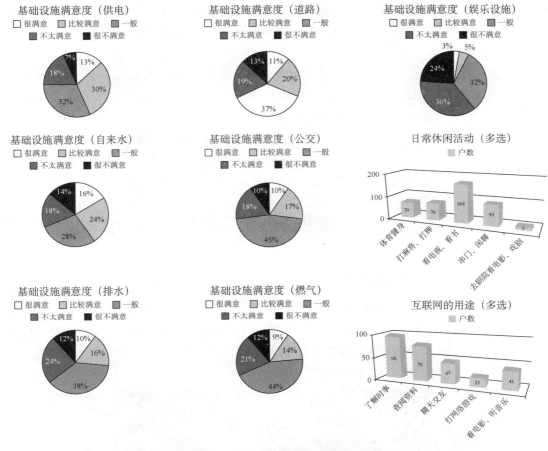

图 6-8　村民对基础设施满意度调查

(资料来源：课题组绘制)

在塔上村农业仍然是一个重要的经济产业,但经济整体发展的方向正慢慢向第二、三产业转变,外出打工人员迅速增长。此外,对于乡村的发展,村民总体上认为产业及村落布局是较为重要的影响因素。同时,村民普遍关注基础设施和社会服务设施的建设,以及自宅与工作场所的距离。此外,较近的商业服务也是主要考虑的因素之一。

通过对村民现状及需求的调查研究统计,并通过与他们的交流了解到村民对居住空间的要求相对传统,对中正规整的户型结构尤为偏好,希望在住宅中增加车库和子女、老人的独立卧室,屋面形式以坡屋面为佳,并留有扩展空间。有一定数量的村民反映在住房面积,房屋的通风、采光上存在不足。同时,村民对院子有着强烈的情结,院内平时主要用于晾晒谷物、衣物以及饲养家禽。对于住宅的形式,近半数人选择小洋房,还有相当一部分人则不太关注具体造型样式。此外,在邻居的选择上,村民希望与本地人、朋友、亲戚临近。

建筑师作为场外的专业人员,在介入乡村营建时要尽可能全面地思考将会对村民生活和聚落空间带来影响的因素。然而,在访谈的过程中却会发现,村民关注的永远是与自身生活关系最密切的部分。生活的便利、利益的最大化以及价值观念总会成为行为的驱动力。

那么,对村民意愿调查的目的在于使之融入新建住宅,成为营建的首要前提,并且在村民后续的居住生活中其还可以根据自身需求实现适当的空间和功能的拓展与置换。

　　3)潜在的乡土文化观念

　　在人口规模较小、居住密度较低、人口结构变动较迟缓的乡村社会环境中,乡村习俗与观念具有很强的主导作用。人与人之间密切的关系和淳朴的乡土观念使其较城市居民更不容易改变居住环境,这也是农村劳动力离土不离乡、不容易进行劳动力转移的文化因素[①]。访谈结果显示,尽管邻里之间可能存在过一些摩擦,但村民对整体关系和气氛的认可却是一致的,空间交往秩序的延续是乡村营建中不可或缺的内容之一,它体现了社会关系与空间布局的融合,对其延续或重建在一定程度上将有利于乡土文化观念的延续与发展。

6.3　建立生态、产业与人居共生的聚落格局

6.3.1　"山、水、田"生态脉络的延续

　　依托塔上村山水资源的优势和以农业为主的产业特征,乡村在演进过程中逐渐形成了优美的田园风光和景观环境,体现了传统乡村人居环境的生态气质,故确定以"山为背景、水田连片"的生态圈层作为新农村营建的整体意象。在空间结构上形成一条景观生态开放带、两个公共活动中心,以及多个生活邻里单元(图6-9、图6-10)。

图6-9　乡村整体鸟瞰图

(资料来源:课题组绘制)

---

①　张泉,王晖,陈浩东,等.城乡统筹下的乡村重构[M].北京:中国建筑工业出版社,2006.

图 6-10　空间结构布局

（资料来源：课题组绘制）

从现有地形和环境着手梳理场地，将场地中既存的特色种植区与滨水地带所形成的公共空间视为特定的文化景观，它们延续着村民对乡村生活的情感记忆，是应重点保护且延续的。在设计中，通过将种植景观地块与滨水地带疏通、串联形成更具生活意义的公共中心地带，并且东西延伸至原有居住点。公共中心形态上呈条带状，与村内主要道路相互平行，从而避免了机动车的干扰，是融景观、休闲、场所记忆于一体的开放活动带。

村口是村民聚集的主要场所，应成为乡村重要的公共活动中心之一。同时，在村中心百年红檀树的周围形成另一个重要的集散地。由于村中心人口老龄化严重，开始出现衰败的迹象，老旧建筑较多且建筑质量相对较差，可以通过对原有建筑的梳理和整改，释放更多的开放空间，并在其周围布置老年活动中心、幼儿园等公共设施，从而恢复原有村庄中心的活力。

在住宅用地布局上可分为老村居住组团和新建居住组团，通过居住单元嵌入可以使新建居住组团灵活地融入零碎的地理单元与不同的建设周期中，使新老居住组团融合在一起，最大限度地保护原有水体和农田的格局，尽可能保证新建居住组团与原有聚落肌理的协调（图6-11）。新建居民住宅以独栋建筑为主，部分由 4～5 栋组成一个基本的空间单元，以适应平原水网的地理格局。对于老村居住组团可通过改善公共服务设施和完善景观环境实现有机更新。而对于新建居住组团则应结合原有生态脉络和生活生产方式，以方便村民生活为基本原则，重视布局的紧凑性。（图 6-12）

6.3.2　产业布局及用地功能的调整

乡村聚落格局的形成是多因素整体制约的结果，除自然生态影响下的山水文化的居住观，产业结构和模式的影响也是显著的，用地功能的扩展和调整有助于更加集约地利用土地

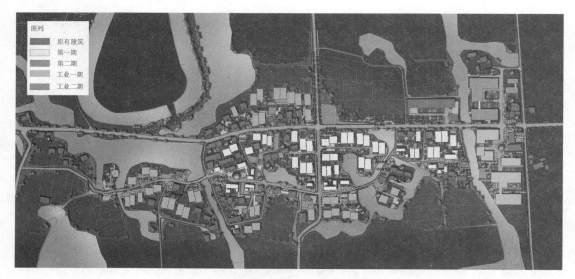

图 6-11　单元插建、延续聚落肌理

（资料来源：课题组绘制）

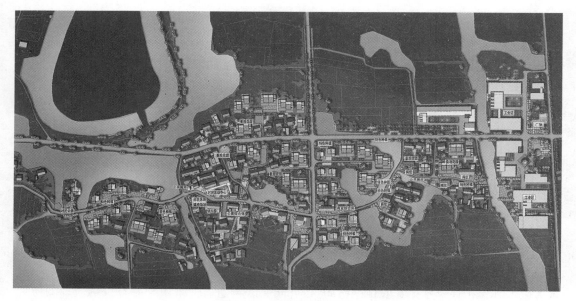

图 6-12　乡村规划总平面图

（资料来源：课题组绘制）

以及为村民的生活提供更多的便利。

塔上村的产业发展需依照长兴县发展的总体部署，三个产业并行发展，大力发展现代、生态与效益农业，改造提升建材与轻纺的传统优势，打造高水准的产业基地。虽然政策的部署对于村民认知的影响是一种外界的干预力，但它在一定程度上也是地区发展现状的反映，同时可以给予未来更加明确的引导。

　　农业生产作为塔上村村民的传统经济来源,村民耕作的时间、距离、地点都已成为一种心理惯性。因此,在农田的布置上尽量保持原有格局、位置,可以通过疏导用地使其形成片区,以提高规模化生产的效率。同时,第二、第三产业在乡村的兴起必然会导致农业用地的减少,但在用地性质调整的过程中应遵循优势利用最大化和发展集约化的原则。乡村工业的深化是发展经济的重要途径,结合乡村东侧原有厂房的位置,将工业用地向东延伸至外侧过境道路,形成工业片区,并且通过水系的分界与村庄隔离,形成相对独立的发展区块,同时又保证与村庄联系的便捷。此外,塔上村所在的泗安镇地处线衫休闲游览区,主要功能为风景游览、宗教观光、生态考察、文化寻访以及假日休闲。塔上村一些村民已经开始利用这一资源发展乡村的旅游和服务业,但分布较为分散且不成规模。根据这一现象,并结合地区发展趋势和当地资源,在三产用地的布置上可选择乡村西北侧水面开阔、生态特征清晰的区域。同时可以结合当地村民的种植业开展采摘生态体验项目,将生活与生产有机地融合。

　　此外,村民自发的营建行为使得乡村脉络显现出向西延伸的态势,并且基本依照水体和道路的走向生长,反映了村民在生活和心理需求上对二者的依赖度。考虑到乡村的发展速度和人口增长前景,对于超出现有建设用地的住宅可延续这种自发的生长态势,规划一定比例的备用地以满足后期的发展需求。这不仅可以实现交通资源和景观资源利用率的最大化,而且便于公共服务设施的集中设置以及起到强化乡村公共空间景观带的作用。(图6-13)

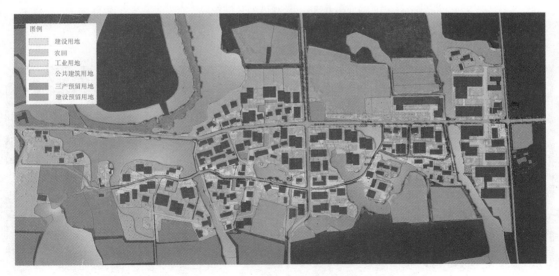

图6-13　产业布局与用地功能规划

(资料来源:课题组绘制)

6.3.3　社区微循环空间网络的建立

　　聚落空间的整体格局体现了建造中村民认知的群体性,乡村意象的形成在一定程度上影响着居住者对地方的认同感。但在具体的生活中,这种宏观的、整体的作用却是被削弱的。或是说,这种整体意象需要分解为微观的空间要素才可能更加直接地影响村民的行为和生活方式。这便需要在乡村社区中建立尺度层级更加细化的微循环空间网络(图 6-14、图 6-15)。

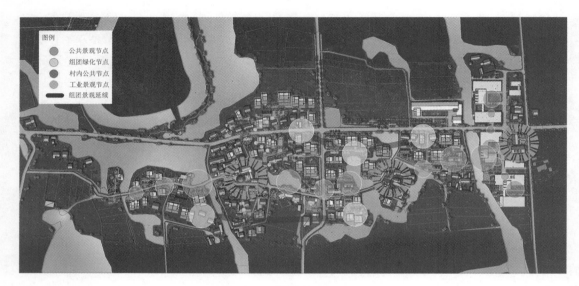

图 6-14　景观微循环网络

(资料来源:课题组绘制)

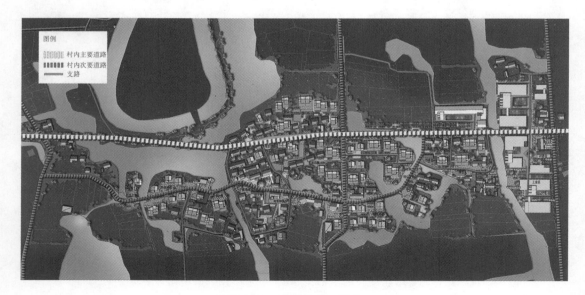

图 6-15　道路微循环网络

(资料来源:课题组绘制)

微循环空间网络类似生物体的毛细血管,是在道路系统构架下更细化层级的交通和景观的组织方式。村民在与外界进行信息交换的过程中,结合自身对生态和社会的认知方式人为地创造了一系列的空间要素。它们从形态上可以分为线性空间、节点空间以及聚集空间三类。微循环空间网络建立的目的在于结合现状信息合理确定这些要素,并将其统合成为一个较为完整的空间体系,形成系统化的营建策略。

线性空间包括道路和水系两类,如滨水地带、绿化带、步行路、小街巷等,承担着游憩、步行交通与空间联系等功能。这些空间在组织上不必横平竖直,形式可以更加自由、不规则,结合使用需要还原自然边界。保护好滨水的公共地带,只允许局部有住宅间隔地延伸到滨水区域的边界,且滨水公共带周边要保留半成以上的自然边界。（表6-6）

表6-6　线性空间解析与行动导则

类型	现状解析	行动导则	图例
道路	①机动车的增加迫使道路的交通功能被过分夸大,挤压了街道的生活及交往功能。 ②道路底界面以服务机动车交通为标准,无差别的硬化、清一色水泥,形式僵硬。 ③道路侧界面（包括建筑、院墙、绿化等）缺乏层次性、多样性,材料选择缺乏乡村特质,与自然融合度低	①要避免过境交通穿越村庄,将生产用车在村口集中停放,家用车及运营车则就近停放,以减少车辆对道路过多的占用。村内道路不必过于追求宽阔,形式也可以更加自由,不规则的道路形式可降低车辆行驶速度。 ②没有必要将水泥路一铺到底。主要道路和部分次要道路可以采用水泥硬化,而其余次要道路、所有入户路及步行路宜采用当地材料。 ③道路硬质侧界面注重层次的多样,院墙可作为过渡层级,形式需尽量质朴,就地取材,也可以结合植物构筑方式灵活生动	次要道路　入户路 院墙
水系	①现代乡村建设过程中对水网系统造成不同程度的破坏：毁灭性的（填埋）或阶段性的（污染、盲目硬化河岸等）。 ②对尚未被破坏的水系也缺乏正确的生态认识,整治疏通及保护欠缺。 ③虽然自来水已村村入户,但自然水系与农业生产依然联系紧密,实用性与观赏性并存	①整治疏通水塘和水溪,尽量保持其原有的自然风貌。 ②边界硬化不宜采用水泥和石块砌筑的封闭界面,宜采用由石块拼砌的具有缝隙的"可呼吸界面"。 ③保护滨水公共带,只允许住宅偶而有间隔地延伸到水边,周边不要全部硬化,要保留一半以上自然边界。 ④沿水系的道路宜窄不宜宽,构筑物宜质朴、融于自然,不宜突兀、破坏自然	可呼吸界面 与自然融为一体的处理

（资料来源：课题组绘制,笔者整理）

　　节点空间一般位于线性空间的局部放大部位,如村口、道路交叉口等地段;或是供人们停留和交往的空间,如廊、亭、水榭等设施;另外,还包括具有特殊意义的场所,如一座古桥、一棵古树、一口古井、一座祠堂等承载历史记忆的要素,对其应加以充分重视,采取适当的保护措施,并使其在公共空间系统中发挥独特的作用。(表6-7)

表6-7　节点空间解析与行动导则

类型	现状解析	行动导则	图例
村口	①受过境交通干扰大,缺乏村口空间。 ②无乡村特色,盲目模仿城镇广场。 ③无历史继承的仿古	一条树木繁茂的林阴道、一座质朴的具有年代感的桥、一个形式简洁的构筑物、一个景观小广场等都可以成为村口空间构成方式,形式不必追求所谓的大气、突出,重点在于其对整个村落的界定意义	石桥
廊、亭、水榭	①沿街缺乏可以供人们停留交谈的适宜场所。 ②形式模仿古建,材料没有地方特色。 ③位置选择欠考虑,观赏性大于实用性	①形式参考:有顶可封闭或结合藤蔓植物起遮蔽作用,但无墙壁。提供用于休息的座椅石桌,采用地方材料,不必太过拘泥于现代或古典。 ②结合实用性的位置选择:村口、聚集空间、滨水公共带等,同时宜与住宅或商业服务点形成对景	可供逗留交谈的廊亭
重要记忆场所	看似微不足道,容易让人忽略其重要性。它们被推土机削平,被开发利用,其所具有的承载人们对生活和场所的记忆的特殊作用未被充分考虑	结合区域多数人对场所的记忆,可通过访谈的形式,发掘他们内心最具价值的场所,可以是一棵老树、一口古井、一座历史遗存的建筑,这些都可以体现出他们与这块土地息息相关的命运	承载记忆的老树

(资料来源:课题组绘制,笔者整理)

　　聚集空间一般是指乡村中面积相对较大的公共活动场所,往往处在公共服务设施附近,能为全村提供集会、观演、运动等活动的场地。聚集空间可通过尺度的变化带来公共性的变化,多样的尺度是人性的体现。另外,在对聚集空间整治时,应秉着质朴简洁的原则,创造宜人亲切的空间感受,尺度上宁小勿大。(表6-8)

表 6-8　聚集空间解析与行动导则

类型	现状解析	行动导则	图例
尺度	①大部分乡村的公共聚集空间在尺度方面基本都较为宜人。 ②与传统乡村相比，缺乏次一层级或更次一层级的聚集空间，聚集空间复杂度较低 单一层级尺度	①聚集空间的层级可按照其公共性的程度来划分，通过公共、半公共至半私密再至私密的过渡，形成生动、趣味性强的聚集空间层级。 ②不同公共性质的聚集空间，其尺度大小也应有所差别，虽没有绝对的量化标准，但应注意相邻空间的相对尺度区别。 ③关注尺度多样性的同时，还应结合空间景观、小品设施等加强空间感受的复杂性。这些附加设施可以弱化空间的单一性，在同一尺度层级内形成更为丰富的次级	 小尺度　　中尺度 较大尺度
界面	①现有聚集空间缺乏侧界面和顶界面。 ②界面形式单调，盲目追随城市。 ③观赏性大于实用性 单调界面	①要注重界面的完整性，尤其是侧界面（建筑物、植物、院墙等），要结合景观，使聚集空间尽量成为正空间（由边界围合的空间）。 ②在乡村，顶界面可以树冠的形式创造宜人的聚集空间 ③发掘乡村独特的界面形式和界面材料，可以向传统学习，构筑有地域特色的聚集空间。 ④乡村本质是质朴的，不宜盲目追逐城市，宁朴实勿虚华	 生态界面 完整界面

（资料来源：课题组绘制，笔者整理）

6.4　乡土建筑的承袭与改良

　　乡土建筑整体风貌的展现源自村民对建造经验的长期积累，并将这种对聚落空间营建的认知图式逐渐转化为建筑的实体。一方面，现状建筑包含了村民对当前生活状态的认同和对问题的应对方式，以及场所的历史信息和文化语义。另一方面，由于年代的跨度较大，在演进过程中整体风貌发生局部的变异，一定程度上遮蔽了乡土建筑的原有特质。基于以上两点考虑，在建筑单体的塑造中应结合现状风貌特征，在明确其中利弊的基础上通过承袭与改良并行的方式诠释性地还原乡村生活的本真。具体的营建过程应包含乡村聚落生活单元的整体形态和建筑单体中的构成要素两方面。任何一方面的欠缺都可能引起地方风貌的阶段性"失忆",甚至导致文化形态的断层。"整体把控,局部协调"应成为乡村风貌营建的重要策略。

6.4.1　整体形态的统一把控

建筑整体形态的把控是建立在对场所现状要素辨析的基础上,并结合塔上村作为江南水乡的传统风貌意象,从宏观的层面对建筑形态进行梳理。需要明确的是,把控的目的不在于强制地给出某种固定的营建样式,而是在考虑村民现实需求的情况下还原乡村固有的优良基因(图 6-16)。对于有利于村民生活品质提升的方面给予正面的改良,对于纯粹形式化的因素则应充分发挥建筑师的专业素养给予修正。具体可以从色彩、轮廓、空间、尺度四个层面展开。

图 6-16　建筑整体形态鸟瞰图
(资料来源:课题组绘制)

色彩:新老建筑的并存、材质类型的多样化,使得当下乡村聚落的色彩印象呈现出一种杂乱的状态。建筑群体主色调的缺失,大面积低明度的外墙饰面令整体视觉感受脱离了传统江南聚落那种清新明快的特质。加之材质的滥用也不同程度地造成与自然环境的脱节。营建的策略应从可操作的层面着手,达到"小整治、大改观"的效果。首先,针对所占面积较大的墙面,通过涂料抹面的方式提高其明度、减低其彩度,形成鲜明的主色调。其次,屋面应降低明度和彩度,形成与主色调相协调的辅助色。另外,可通过增加院墙的方式统一群体的外界面,还可以通过种植高大乔木弱化色彩的突兀感,同时健全乡村生态外界面。

轮廓:乡村建筑群体轮廓给人的感受是潜移默化的,平直无变化的天际线不仅是形态层面的缺憾,也是场所精神层面的丧失。活跃的建筑轮廓再造可通过三个方面实现:首先,对于有意向整改的住户可考虑合理改建,如适当加层、平改坡等。其次,对于建筑主体无法整改并且宅基地尚有余量的住户可考虑在其宅前或宅后增设围墙,成为辅助生活空间的同时可为下垫面增加活跃要素。最后,如果前两者实现均比较困难则可考虑适当种植低矮灌木或高大乔木,以生态界面的形式丰富群体轮廓线。

空间:建筑单元空间的组织给人以更加直接的体验,是邻里交往的重要部分。对于空间的营建应以传统聚落为借鉴,结合场地条件形成自然适宜的空间格局,如果场地条件良好、限制要素较少,可通过在建筑单体之间适当地增加或减少间距来实现空间的疏密变化,最好能实现联排共同建造,既节能又可提供更多的室外空间(图 6-17)。但对于已有建筑,在不能大幅调整的情况下,可通过外部手段达到空间的层次变化,如植被和围墙等。

尺度:适宜的尺度大小和丰富的尺度层级是空间多样性的关键所在。但由于乡村对城市生活的简单模仿以及对大尺度空间的非理性需求,住宅体量和规模逐渐增加,乡村特有的亲人尺度正在逐渐消失。尺度的重塑首先要求新建建筑单体组合数量不宜过多,立面不宜

图 6-17　建筑单元空间组织

(资料来源:课题组绘制)

过长,对于设计中存在的单元超过三个的组合应予以拆分。其次,可用围墙的组合形成适宜的亲人尺度,且建议控制在 1.5 m 以下,形式宜相对通透、低矮,材质宜朴质。另外,下垫面应避免追求单一的水泥硬化,而是采用区别于城市的乡土材料和做法。(表 6-9)

表 6-9　整体形态的统一把控示意

分类	现状示意	整改示意
色彩	纷杂的立面色彩,主色调不明显,低明度墙面过大	
轮廓	建筑整体天际线轮廓过于平缓或整齐	
空间	街道等公共空间界面呆板、不够丰富	
尺度	立面过长、围墙过长过高,路面过多的水泥硬化,缺乏变化	

(资料来源:课题组绘制,笔者整理)

6.4.2 单体构成的局部协调

1）建筑单体的整治与新建

根据现状农宅的建筑质量与村民的实际需求,在具体的营建中针对建筑单体营建可从整治与新建两方面实施。

对于需要整治的建筑应尽可能地保持其原有形态,提取场所中与村民生活相关的需求信息,去除并整改那些存在一定程度的安全隐患或有碍生活品质提升的建筑单元。整治方法不应采取"一刀切"的做法,应因地制宜、因房制宜,根据每栋建筑自身的特点实施针对性的设计方法。如村庄一处沿路的住宅,其建筑质量相对较好,属于可保留的建筑范围。但由于建筑十分临近道路,一方面,道路的噪声会对住户产生干扰并且由于机动车的过往也存在一定的安全隐患,另一方面,建筑入口直面街道,缺少了街与宅的过渡空间,不论从村民心理上的过渡还是使用上的便利性都存在欠缺,故将整治的重心置于此处。营建中通过使用低矮、通透的格栅对入口进行围合,同时使原本面向道路的开设方式转变为侧入式。如此布局既在相对狭小的空间营造了类院落式的过渡空间,同时也最大限度地降低了由于人车混流而带来的不安定因素(图 6-18)。其他整治示意如图 6-19、图 6-20 所示。

图 6-18 沿路民宅在整治前后对比

(资料来源:课题组绘制)

图 6-19 民宅整治前后对比示意 1

(资料来源:课题组绘制)

图 6-20　民宅整治前后对比示意 2

（资料来源：课题组绘制）

　　对于不得不拆除重建的住宅，应结合村民对户型布局的实际需求，进行针对性的设计。新建民居形式主要是独立式小康型住宅，将本地民居建筑的地方风貌与现代生活方式相融合。住宅建筑日照间距在 1.1～1.2，住宅层数以 2～3 层为主，并根据具体家庭原有建筑规模确定新建建筑的开间数和整体建筑面积，塔上村基本上以 2～3 开间为主。住宅底层设计架空层，满足村民日常储存农具和手工作业的需要，并且新建住宅均配备卫生设施、化粪池等相应的生活配套设施。新建住宅及邻里单元样本如图 6-21 至图 6-27。

图 6-21　群体营建范例 1

（资料来源：课题组绘制）

图 6-22 群体营建范例 2

（资料来源：课题组绘制）

图 6-23 邻里单元营建范例

（资料来源：课题组绘制）

架空层平面　　　　一层平面　　　　二层平面

图6-24　单体营建范例户型1

（资料来源：课题组绘制）

图 6-25　单体营建范例户型 2

（资料来源：课题组绘制）

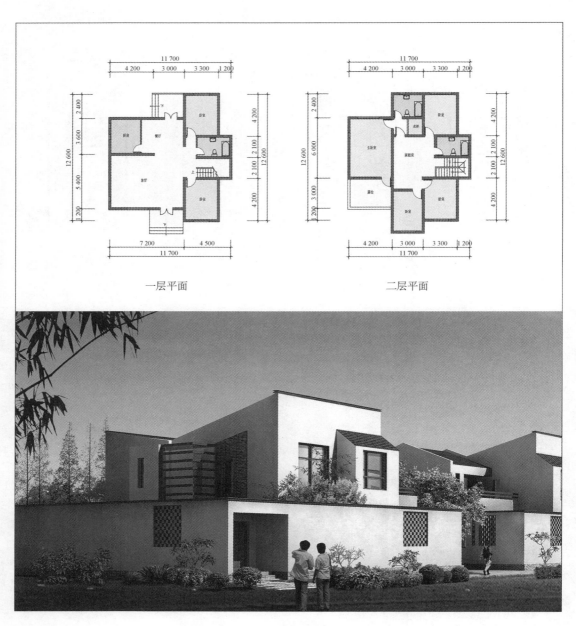

一层平面   二层平面

图 6-26   单体营建范例户型 3

（资料来源：课题组绘制）

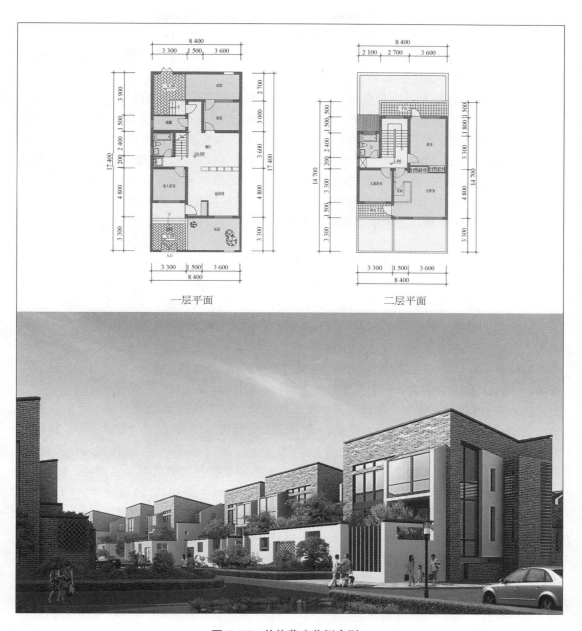

一层平面   二层平面

图 6-27 单体营建范例户型 4

（资料来源：课题组绘制）

2）构成要素的协调

乡村聚落风貌的形成是大量单体在营建中积累的结果,虽然局部本身并不足以形成地域风貌特征,但微小的汇聚所涌现出的宏观特征是不容忽视的。村民在建造方面的相互学习、合作甚至竞争,逐渐形成某些特定做法的一致性。因此,局部协调对整体的把控是至关重要的,以屋顶、墙体、院与细部为例。

屋顶:传统聚落中村民十分重视对屋顶的营造,其重要程度甚至可以独立于常规立面之外,形成第五立面。塔上村村民在新时期乡村建造中虽然在一定程度上也沿袭了这一传统,但大量繁杂的造型失去了地域的根基。对于新建的和需要更新的老旧住宅,要寻找适合的形态需与现状和传统的建造方式相结合,坡屋面是可取方式之一。对于村落中现存的平屋顶可适当改造成为坡屋面,既有利于隔热排水,又与传统形式相吻合,但坡度不宜过大否则会成为欧式尖顶造型。同时,坡屋顶的形式与现代生活实际结合也会产生排异现象,如:太阳能热水器的出现使得二者的结合反映出一种生活与形式的妥协。面对此类问题,建议引导性地推广倒坡屋顶形式,坡度保持在22°～25°之间,通过平、坡屋面结合的方式实现屋顶空间的合理利用,通过主动与被动太阳能技术相结合的方式实现形式与技术的统一。

墙体:建筑中墙体所占比重最大,对于整体风貌的影响也最为显著。目前塔上村外立面多使用多色石砖饰面,花色拼贴过于规律、机械。同时,墙体色彩普遍比例失调,主色调与辅助色调关系模糊。营建中应着重考虑材质和色彩的搭配问题。主墙面应尽量采用彩度低、明度稍高的涂料或面砖;多色面砖拼贴应考虑随机组合,尽量减少大面积简单重复。同时,建议采用新型的建筑材料,竹子作为长兴县的特色资源,其制造工艺已经相当成熟,将其与现代建筑工业结合,既可成为复合墙体、遮阳、保温等重要材料,又可使地方风貌生态再生。

院:乡村内部现有住宅普遍存在缺少院落的现象。由于公与私的边界缺少了院子的过渡,村民对自宅与道路连接部位空间的侵占现象十分严重。同时,院落空间的消失,使得很多原本在院中发生的生活场景也随之消失,并且削弱了村民心理上对住宅的归属感,因此,院落的回归十分必要。新建的住宅中均设置南向院,并依据村民具体的生活需要,选择性地附加内院和后院。南向院内保留足够的空间并与道路间隔一定距离,以保证住宅的私密性和居住质量。院子需要一定的界限,可以是墙体也可以是其他形式,如植被。原则上应追求一种虚实相间的状态,实体部分强化领域感,虚体部分营造室外的感知度,从而营造整体生活氛围。虚实之间的比例可根据村民的喜好而定。

细部:由于新时期村民价值取向发生转变,而认知水平又滞后于城市居民,因此在细部的营造上使用了大量欧式装饰元素,并将其视为时髦元素,呈现出一种异化、轻浮的表征。这一现象实质上表现出的是整体文化形态的一种超文化态。多种认知因素在同一时空内并存,作为一种相对失稳的文化形态,如果不对其进行梳理和整治便有可能转为一种发展的无序化,导致乡村风貌逐渐脱离传统生活的质朴。对细部元素的调整主要体现在建筑门、窗、护栏灯等一些装饰性构件上,营建中应尽量避免套用外来的某一特定时期特定风格的具体样式,而应立足于地方,多采用木、竹、石等材料发挥其本身具备的装饰性。适当地结合传统元素是可行的,但不应走入相互"攀比""炫耀"的误区,立足生活本真是始终需要贯穿的。（具体行动导则如表6-10）

表 6-10 单体构成要素的行动导则

分类	现状示意	行动导则	正面案例示意
屋顶	屋面形式延续性弱，造型繁杂无根	①建议使用适合自然环境和传统建造方式的坡屋顶形式。 ②既有的方盒子平屋顶建筑，可将其适当改造为坡屋顶，既有利于保温、隔热、防雨，又能统一风格与形式。 ③不宜采用坡度过大的坡屋顶	
	南向坡屋顶上的太阳能热水器的影响	①引导性地推广倒坡屋顶，使用主被动一体化太阳能技术。建议坡度为22°~25°。 ②在主要使用房间的部分使用倒坡形式，使得空间利用更加合理，次要房间采用多种屋顶搭接的方式，增加村落形态	
墙体	色彩搭配欠妥，色彩配比失调，主色调与辅助色调关系模糊	①基本色、辅助色、点缀色主次清晰搭配和谐。 ②材质的搭配统一，主墙面以某一类材质为主，避免使用过多种类的材质与装饰	
院	没有了院落的界定，外部空间只能成为道路的延伸，失去了空间的领域感	①对于院子，必须有一定的界定，这种界定可以是墙体，也可以是其他任何形式。 ②院子的围合应是一种半实半虚的状态，实体部分使空间具有存在感，虚体部分则可以使空间被外界感知，虚实之间的比例可以根据村民的喜好而定，建议比例为0.2~0.6	
细部	过多对欧式风格的简单模仿，风貌显示出一种异化的形态	①不刻意使用反映某特定风格的细部样式，但应适当融合当地传统建筑元素。 ②可多采用木、竹、石等地方材料以及其相应做法	

（资料来源：课题组绘制，笔者整理）

6.4.3　生态适宜性技术的创新融入

随着塔上村村民生活水平的提升,许多村民为改善生活质量、提高居室的舒适度,开始安装空调、电暖气等设备进行室温调节。建筑能耗的迅速增加造成了村民能源费用支出的增加,但建筑室内热环境改善却十分有限。根据这一现实状况,结合村民的生活习惯、经济状况和塔上地区的气候特点,充分挖掘传统乡村在营建中的生态智慧,以创造性的方式融入新村住宅的建设之中,并且以自然被动性、乡土和谐性和经济适用性为主要指导原则。

1) 倒坡屋顶的利用

太阳能热水器是村中普遍采用的主动式设备,实际使用中需要将其安放于南向的坡屋面上以达到最大热能吸收的目的。然而,这一手段虽部分解决了村民用热水的问题,却带来了乡村整体风貌的破坏。原本在传统聚落中对整体风貌的提升具有重要意义的屋面,在现代乡村生活中却成为导致整体形态无序的因素。

回到传统民居中寻找应对现代技术的策略,从住宅的剖面中截取两个片段,将包含内院、屋顶、排水系统、雨水收集系统的这个技术片段提炼出来,和现代的技术进行整合,形成了"倒置单坡屋顶"的设计思路。它将作为新建筑的典型形态,与保留下来的传统坡屋顶一起形成更为丰富的屋顶轮廓线,同时和现代化的新技术良好地结合(图6-28)。

太阳能的利用

雨水的收集

南向的最大采光

图6-28　倒置单坡屋面的利用机制

(资料来源:课题组绘制)

(1) 可以利用北面的坡度架设太阳能设备,坡与使用的房间接近,设备的摆放不破坏建筑的立面和村貌。

（2）通过设计屋顶倒坡的坡度方向，可以正好将雨水汇集到内院中，有利于雨水的收集，其和水井结合，可作为一套简单的节水、温控系统。

（3）与传统的坡屋顶相比，屋顶倒坡的形式可使南面的开窗面积更大，可以获得更多的阳光与通风和开阔的视野，无论是出于节能还是出于对生活空间舒适度的考虑，都是十分有利的。

引导性地推广这种单坡屋顶形式，并通过整体化设计与主被动式太阳能技术进行有效的一体化设计：在主要使用房间的部分使用单坡的形式，使空间和技术利用都更加有效；在次要房间的位置可以采用多种屋顶的搭接方式，以增加村落建筑群体的丰富性。单坡屋顶内形成的夹层空间可以根据需要对其加以有效的利用①。

2）竹材复合遮阳板与竹材复合节能墙

塔上村现存建筑在墙体材质的选择上存在两种普遍倾向：一部分建筑采用了涂料粉刷墙面，但涂料的防水性能较差，建筑的外墙破坏严重。还有一部分建筑采用瓷砖贴面，虽然防水性能良好，但是建筑完全失去了乡村的特色。反观传统江南民居，由于侧墙缺乏防雨的措施，墙面容易剥落，常常显得比较陈旧，墙体的保温性能也会因为外墙的潮湿而降低。传统建筑大量运用了木材，但是木材在防雨防潮方面的性能较差，建筑的损坏比较严重。

竹子是江南地区最具特色，也是极其丰富的地方资源，其制造工艺已经相当成熟，应该将竹子经工业化再造形成新型建筑构件，如竹材复合遮阳板、竹材复合节能墙（图6-29）。利用竹子本身中空、耐水的特征，和砖材的保温承重性能，充分发挥两种材料各自的优势性能，在改善单一材料在遮阳、保温等方面不足的同时，体现出江南水乡特有的地方风貌。

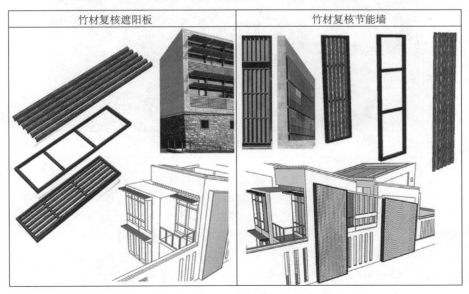

图6-29　竹材复合材质的利用

（资料来源：课题组绘制）

---

① 王竹,范理杨,陈宗炎.新乡村"生态人居"模式研究——以中国江南地区乡村为例[J].建筑学报,2011(4):22-26.

3）可变下垫面

防潮是乡村住宅必须解决的重要技术问题,传统的乡村建筑在长期适应地域环境的过程中形成了丰富的下垫面,村民在营建中通过多变的形式巧妙地应对当地的自然环境和气

抬高地面的做法

架设架空层

图 6-30　传统建筑下垫面做法

(资料来源:课题组研究成果)

候条件(图 6-30)。目前,很多新建的住宅也一直沿用架空的形式。然而,由于构造设计和施工技术水平的限制,一些建筑的防潮效果不够理想,造成建筑空间的实际使用质量较差。因此,需要将民居中的架空空间扩大成为"应变腔",一方面容纳辅助生活功能和非常用的功能,另一方面起到防潮、隔汽、通风以及基地找平的作用。另外,建筑可以在保持主体生活空间不变的情况下利用可变下垫面来契合地形,使其具有更大的普适性和适应性,以减少建造活动对当地生态环境,包括土壤、植被和地表含水层的破坏。架空层的设置亦可与产业相结合,如在旅游季节架空层可作为农家乐使用(图 6-31)。

| 设置架空层 | 无架空层时抬高地面 | 结合水网设置亲水架空层 |

图 6-31　下垫面处理方式

(资料来源:课题组绘制)

4)建筑群体营建样本(图 6-32)

图 6-32　建筑群体营建样本

(资料来源:课题组绘制)

6.5　本章小结

　　本章以长兴县塔上村为例结合文中研究成果,从村民主体认知的视角提出了乡村聚落的营建方案。通过对场所信息的把握和对村民主体意愿的调查,并将传统乡村营建中所蕴含的普适智慧和乡土社会特有的文化范式相结合,作为方案形成的基础。最终成果体现在中观和微观两个层面。中观层面上通过对"山、水、田"生态脉络的延续,对产业布局及用地功能的调整以及社区微循环空间网络的构建,建立了生态、产业、人居共生的聚落格局。微观层面上则通过对乡村整体风貌形态的统一把控和对建筑构成要素的局部协调,通过生态适宜性技术的嵌入,从而实现乡土建筑在新时期的承袭和改良。

7 结　语

人居环境的核心是"人"，新型城镇化建设的核心也是"人"，三农问题的核心仍旧是"人"，乡村建设的核心关注点也必将在此。

长期以来，我国乡村建设方面的研究内容在不同学科领域已被广泛探讨，如何进一步深化与落实，并转化成科学的操作方法与措施，仍需进行大量的工作。特别是在乡村聚落空间营建方面，如何超越目前表面化的布景运动，使得乡村风貌得以全面改善和村民生活获得实质提升，其意义尤为重要。

本书在对认知发展理论研究和借鉴的基础上结构化地呈现了村民主体的认知框架并以此建立了主体认知与客体环境之间的关联，从而最终落脚于聚落空间层面。但主体认知视角下的乡村聚落营建研究涉及内容颇为广泛，需要对影响认知的自然、生态、社会、文化、产业、经济、聚落格局等诸多因素进行考量，难度之大不言而喻，故只能结合现有案例提纲挈领地进行综合性表述并从中归纳出一些普适性原理，很多不足之处还需在今后的研究中进一步深化。但即便如此，在面对当下乡村建设的热潮时，本书所呈现的态度是明确的，并且也应被广大投身于乡村建设的实践者思考和重视。

7.1　总结与提升

7.1.1　从强势作为到谦卑无为

乡土社会的人们祖祖辈辈在同一片土地上，生于斯，长于斯，死于斯。人们在尚无足够的力量同自然相抗衡的情况下，采取了顺应自然的方式，虽然在当时的历史条件下是一种无奈之举，但同时也是明智的选择，体现出一种无为的营建观。从某种程度上看，这一思想的形成与我国古代农耕的生活方式或文化形态有着密切的关联。

当前乡村建设中充斥着太多乡村生活以外的"功利作为"之心，快速建造所带来的诸多问题迫切需要化解的途径。在这一背景下，无为思想有着重要的借鉴意义。无为思想带有强烈的交互思维的特征，是多样性在演化过程中的另一解集。它为人们思考问题提供了一种逆向、换位的角度。其提示人们通往答案的道路并非局限于固有套路，无为非但没有削弱人的主观能动性，反而可以促使思维的演进朝着一种创新的方向发展。此外，无为思想是一种崇尚自然、遵循自然规律的思维方式，引导人们在认识自然和改造自然的过程中对外部环境采取一种顺应的态度，认为客观条件是主体意识的风向标，任何违背自然法则的行为方式都是主观意识膨胀的结果。更重要的是，无为思想作为一种复合的思维方式，可以引导建设者将矛盾的对立关系转化为一种协同的关系。这种对立既存在人类发展与有限的自然资源之间，也存在乡村建设者与村民主体之间，无为的营建观通过复合各方因素和主体的方式以达到对矛盾分歧的软化。这种超越二元对立的思维方式,也是"无为"智慧的精髓。

以无为之心去融入乡村营建的作为之中,以无味之心去品味乡土文化的地方情怀,以无用之用为大用,将自身从强势的控制者转变为谦卑的学习者,这是当下乡村建设的参与者应完成的自我审视。

7.1.2　从他者想象到身份认同

分属不同角色的村民与建筑师在认知上的差异是显而易见的。他们在共同参与乡村营建的过程中各自发挥着对资源的控制权力,村民对自宅进行改建、加建,而建筑师则通过整治和更新的手段对其进行梳理。从主体与他者身份的角度来讲,二者是一种彼此印证、互为参照的关系。在主体与他者不断互动的过程中,双方会产生出一种内在的自我认知。在这一层关系中或许并不存在绝对意义上的他者,他者会在不同的历史语境及时代价值标准下随着主体立场的不同而发生变更。那么,实际上他者仅是主体想象中的他者。对于建筑师而言,原有参与营建的模式建立在这种想象和自我体验之中,与村民自身生活逻辑之间的差距是不容忽视的。即便是在大量的田野调研的基础上,也无法改变这种他者的观看方式。时间、空间以及观者的心理阅历都赋予了行为、认知极大的复杂性。因此,这种对于他者身份的想象或者说这种认知上的差异是不能被完全消融的,同时也是不必完全消除的。

主体与他者的意义在角色互动中产生,互动的存在使得主体在对方的注视下改变自己,并受到他者的制约。对于不同主体之间价值取向和认知方式的差异应采取一种包容的态度,求同存异,体现对他者身份的认同,并根据不同的情境和利益权衡各自的主体地位,对村民如此,对乡村营建的其他参与者亦如此。在他者与主体互为参照的动态结构中,从被观看的他者到主体的观看,实际上体现的正是这种共生互融关系。通过对彼此身份的认同和价值的认异(参见5.2.4),以恒定的建成环境为参照,而不是单一地倾向某一方主体性和意愿的实现,是探讨差异和形成融合的重要思路。

7.1.3　从乡土自发到文化自觉

乡村聚落作为中国地域文化保存最完整的区域之一,不仅受到研究领域的广泛关注而且也逐渐成为设计领域的思考原型。而这种关注点的形成不仅在于乡村聚落本身的文化价值,更在于这种朴素的居住形态正在以一种不可控的方式消失和发生改变。传统的建造手段、文化的传播方式以及外部环境因素的作用使乡土文化在一种自发的状态中逐渐形成。然而全球化浪潮的席卷、城市化进程的推进、经济的加速发展使得原有的居住形态和居住者的认知结构必然发生变化,外来文化的渗透又在一定层面激发了乡村聚落异化形态的出现。这些现象的产生早已背离了起初在生存限度下的文化属性,更多的是一种观念层面和认知层面特征的显现,但它也确实代表了当下的一种特殊的地域现象。因此仅从形式来判断和鉴别现象的优劣显然是不全面的,而是应对新时期乡村营建进行再诠释,从乡村聚落建造和居住的主体出发深入剖析认知层面与社会文化的关联才可能更加清醒地认识到在广大乡村中已经发生和即将发生的变化。

费孝通先生在晚年提出了"文化自觉[①]"的概念,这一概念对本土文化研究具有重要意义。文化自觉最重要的是要清楚自己文化的来龙去脉,有自知之明。这就需要认识到本土文化的优势和文明在哪里。乡土社会的秩序是在其内部长期的自适应中产生的,个体与群体依照它实现社会的维系和发展。从乡土自发到自觉地对文化秩序进行修复,并在其中融入时代的元素,把乡村和城市、传统和现代、主体与客体放在一起考量,时刻进行对文化的自我反省,洞察文化的发展层级,从而进行文化的自我推进和创建。

7.1.4　从形态重写到场所誊写

在过去的半个多世纪里,我国乡村建设经历了不同层面的变迁,人们对待自然的态度随着社会生产力的发展和对利益追求的提升逐渐变得更加强势;产业结构从新中国成立初期的农业辅助工业到现在的工业反哺农业,使得聚落空间格局由环农的特征逐渐向分化转变;土地政策的调整推动了集约化发展的趋势;村民价值取向在城市化和全球化大潮的影响下由封闭单一变得更加开放多元;诸多变化显现在乡村聚落形态上呈现出一种"拼贴化的时代样式"。认知变更下文化的增殖与异化使得新时期乡村发展包含了更多的可能性。一方面,村民可以通过农业以外的多种产业模式改善现有生活、带动乡村经济发展;另一方面,原本传统质朴的地域特征正逐渐被一些"时髦"的语汇所替代,聚落空间的内在秩序也进而湮没于这繁杂的表象之中。

于是,面对此类负面作用,各种乡村"化妆"运动孕育而生。似乎粉饰过后的墙面,也一样可以粉饰根植于地方的生活与文化;似乎乡村聚落形态的重写,一样可以重写乡土社会的存在规则。遗憾的是,虽然聚落格局是复杂内涵与扁平化表征的统一体(参见 4.4.1),但并不意味着对表征简单的重写就能还原原本复杂的精神内核。乡村的本意一定是社会空间的集合形态所呈现的与自然和生活之间的依存关系,因此,对于乡村聚落空间的营建必须建立在场所真实性的基础上,通过对原有空间格局的延续、邻里单元的重塑以及院落空间的回归重塑聚落空间的精神内核。对于诠释建设形态的态度应由摒弃转为接纳,发掘自发性建造中蕴含的能力,通过对现状要素的提取、特征的把握,进行针对性的承袭和改良,并最终实现叠合创新。在表达方式上体现对乡土性的融合,重视营建过程的生长性,而不是直接生成一个结果。这种营建策略体现的是一种对场所的延续和对主体的尊重,场所包含的信息从未被抹去,它们都会以其原有的方式和被梳理的形态在乡村中延续。这是对场所的誊写也是在还原乡村应该的样子。

7.1.5　从建筑创作到社会行动

面对当代乡村在环境和社会变革中的巨大挑战,建筑师在融入乡村营建过程中的意义何在? 或者说建筑创作的价值究竟在哪里? 是否能在形式与功能、美学与诗意之外寻求更大的价值? 2009 年第一期《时代建筑》杂志启动了第二届"建筑年度点评"的活动,李翔宁总结和提出了"从建筑设计到社会行动"的建筑学价值转变的观念,旨在为那些以前很少成为

---

①　费孝通.论人类学与文化自觉[M].北京:华夏出版社,2004:176-190.

建筑学专业服务对象的人群提供设计帮助,在社会学和伦理学的层面探讨建筑学的另一种可能性①。

在乡村聚落营建的语境下这一思路显得十分契合。乡村聚落自发演进的过程中,营建行为一直都作为一种社会性活动而存在,共同建造模式逐渐培养了村民在参与营建时的契约意识与合作意识,并最终形成了乡村社会发展的内动力,推动着乡村持续稳定的发展。建筑师在介入乡村营建时,通过建筑创作的方式影响着乡村风貌的改变,同时也应关注村民认知的现实和演进特征,为乡村社区提供相应的帮助和服务。注重实施的整体性,将生态、社会、空间纳入统一的构架中思考,强调公众参与和对村民主体性的关注,通过模式的引导使营建活动体现出原本的社会属性。

人们常说:"用出世的精神做入世的事",出世精神强调对超脱于现实生活的理想状态的追求,入世关注于生存的状态以及与现实的对话。对于建筑师来说,把握之间的关系尤为重要。乡村营建作为一种社会性活动,没有入世的态度建筑创作就会失去根基;同时作为一种文化层面的价值表达,建筑师又必定要超脱于生活寻求理想的精神之所,不同层面的侧重取决于建筑师自身价值观以及社会主流价值导向。协同二者关系的建筑创作实际上是一种诱发价值实现的社会行动,当下乡村发展所面临的机遇和挑战使我们更加有可能重新思考建筑创作的能力,创作中社会价值的体现是所有乡村建设的参与者在当代乡村境域中的行动理由。

7.2　愿景与展望

消费主义时代的到来、经济的发展使得文化逐渐变为一种消费需求,现代村落军营式的布局与土洋结合的形态成为建筑师批判的对象。生态景观恢复、地方产业再造、风土民俗延续作为实现地域精神基本的立足点,客观上表达了人们对乡村聚落的发展与内涵提升的愿望。但看似"最接地气"的表达方式很多时候或变成一种宏大叙事的被动应对,或变成一种个人情怀的自我实现,创作行为一旦进入这一状态,就会过多地披上理想主义外衣。当然,理想主义情节在建筑创作中仍是不可缺失的,它带给建筑师对现实状态的不满以及追寻更优生活的梦想,但这并不代表今日的孤芳自赏与明日生活蓝本之间的无缝对接。如果理想的表达超越了对生活本质的关注,乡村景象的回归将仅仅是理想的乌托邦。或许它的存在是对时代的反思,是文化层面的隐喻,而对于乡村聚落的发展而言更多的应是行走于出世与入世之间,巧妙地寻找理想与生活的平衡点。

---

① 李翔宁.2008 建筑中国年度点评综述:从建筑设计到社会行动[J].时代建筑,2009(1):4.

参考文献

专著：

[1] 吴良镛.人居环境科学导论[M].北京：中国建筑工业出版社，2001.

[2] 李晓峰.乡土建筑：跨学科研究理论与方法[M].北京：中国建筑工业出版社，2005.

[3] 吴明伟,吴晓,等.我国城市化背景下的流动人口聚居形态研究：以江苏省为例[M].南京：东南大学出版社，2005.

[4] 李立.乡村聚落：形态、类型与演变：以江南地区为例[M].南京：东南大学出版社，2007.

[5] [丹麦]扬·盖尔.交往与空间[M].何人可,译.北京：中国建筑工业出版社，2002.

[6] [美]凯文·林奇.城市意象[M].方益萍,何晓军,译.北京：华夏出版社，2001.

[7] [日]芦原义信.外部空间设计[M].尹培桐,译.北京：中国建筑工业出版社，1985.

[8] [丹麦]拉斯姆森 S E.建筑体验[M].刘亚芬,译.北京：知识产权出版社，2003.

[9] [法]莫里斯·梅洛-庞蒂.知觉现象学[M].姜志辉,译.北京：商务印书馆，2001.

[10] [美]阿摩斯·拉普卜特.建成环境的意义：非言语表达方法[M].黄兰谷,等译.北京：中国建筑工业出版社，2003.

[11] [美]伯纳德·鲁道夫斯基.没有建筑师的建筑：简明非正统建筑导论[M].高军,译.天津：天津大学出版社，2011.

[12] [挪]诺伯舒兹.场所精神：迈向建筑现象学[M].施植明,译.武汉：华中科技大学出版社，2010.

[13] 段进,[英]比尔·希列尔,邵润青,等.空间句法与城市规划[M].南京：东南大学出版社，2007.

[14] 段进,季松,王海宁.城镇空间解析：太湖流域古镇空间结构与形态[M].中国建筑工业出版社，2002.

[15] 李楠明.价值主体性：主体性研究的新视域[M].北京：社会科学文献出版社，2005.

[16] [美]罗伯特·L.索尔所,金伯利·M.麦克林,奥托·H.麦克林.认知心理学[M].7版.邵志芳,李林,徐媛,等译.上海：上海人民出版社，2008.

[17] [美]罗伯特·芮德菲尔德.农民社会与文化：人类学对文明的一种诠释[M].王莹,译.北京：中国社会科学出版社，2013.

[18] 吴彤.自组织方法论研究[M].北京：清华大学出版社，2001.

[19] 费孝通.江村经济：修订本[M].上海：上海人民出版社，2013.

[20] 费孝通.乡土中国[M].北京：北京出版社，2005.

[21] 费孝通.论人类学与文化自觉[M].北京：华夏出版社，2004.

[22] 马俊亚.被牺牲的"局部"：淮北社会生态变迁研究(1680—1949)[M].北京：北京大学出版社，2011.

［23］［德］卡·马克思.道德化的批评与批评化的道德:论德意志文化的历史,驱卡尔·海因岑［M］.北京:人民出版社,1972.

［24］陈兴云.权力［M］.长沙:湖南文艺出版社,2011.

［25］郑寒.自然·文化·权力:对漫湾大坝及大坝之争的人类学考察［M］.北京:知识产权出版社,2012.

［26］李德华.城市规划原理［M］.3版.北京:中国建筑工业出版社,2001.

［27］［瑞士］皮亚杰.发生认识论原理［M］.王宪钿,等译.北京:商务印书馆,1981.

［28］［瑞士］皮亚杰.结构主义［M］.倪连生,王琳,译.北京:商务出版社,1984.

［29］曾国屏.自组织的自然观［M］.北京:北京大学出版社,1996.

［30］［美］威尔伯·施拉姆,威廉·波特.传播学概论［M］.陈亮,周立方,李启,等译.北京:新华出版社,1984.

［31］王恩涌.文化地理学导论:人、地、文化［M］.北京:高等教育出版社,1991.

［32］徐磊青,杨公侠.环境心理学:环境知觉和行为［M］.上海:同济大学出版社,2002.

［33］朱光亚.古今相地异同浅述［M］.南京:东南大学出版社,2003.

［34］费孝通.江村经济:中国农民的生活［M］.戴可景,译.南京:江苏人民出版社,1986.

［35］梁漱溟.梁漱溟全集:第一卷［M］.济南:山东人民出版社,2005.

［36］王景新.中国农村土地制度的世纪变革［M］.北京:中国经济出版社,2001.

［37］彭一刚.传统村镇聚落景观分析［M］.北京:中国建筑工业出版社,1992.

［38］丁俊清,杨新平.浙江民居［M］.北京:中国建筑工业出版社,2009.

［39］秦兴洪,廖树芳,武岩.中国农民的变迁［M］.广州:广东人民出版社,1999.

［40］沈福煦.美学［M］.上海:同济大学出版社,1992.

［41］［美］凯文·林奇.城市形态［M］.林庆怡,陈朝晖,邓华,等,译.北京:华夏出版社,2001.

［42］李道增.环境行为学概论［M］.北京:清华大学出版社,1999.

［43］［日］相马一郎,佐古顺彦.环境心理学［M］.周畅,李曼曼,译.北京:中国建筑工业出版社,1986.

［44］［瑞士］彼得·卒姆托.建筑氛围［M］.张宇,译.北京:中国建筑工业出版社,2010.

［45］［美］斯蒂芬·P.罗宾斯,蒂莫西·A.贾奇.组织行为学［M］.李原,孙健敏,等,译.12版.北京:中国人民大学出版社,2008.

［46］［瑞士］卡尔·古斯塔夫·荣格.原型与集体无意识［M］.徐德林,译.北京:国际文化出版公司,2011.

［47］［瑞士］费尔迪南·德·索绪尔.普通语言学教程［M］.高名凯,译.北京:商务印书馆,2001.

［48］王昀.传统聚落结构中的空间概念［M］.北京:中国建筑工业出版社,2009.

［49］陆元鼎.民居史论与文化［M］.广州:华南理工大学出版社,1995.

［50］刘康,李团胜.生态规划:理论、方法与应用［M］.北京:化学工业出版社,2004.

［51］清华大学建筑学院,清华大学建筑设计研究院.建筑设计的生态策略［M］.北京:中国计划出版社,2001.

[52] 天河水.文化全面质量管理:从机械人到生态和谐人[M].北京:中国社会科学出版社,2006.

[53] [美]C.亚历山大.建筑的模式语言:城镇·建筑·构造[M].王听度,周序鸿,译.北京:知识产权出版社,2002.

[54] 高申春.人性辉煌之路:班杜拉的社会学习理论[M].武汉:湖北教育出版社,2000.

[55] 张泉,王晖,陈浩东,等.城乡统筹下的乡村重构[M].北京:中国建筑工业出版社,2006.

[56] 雷振东.整合与重构:观众乡村聚落转型研究[M].北京:科学出版社,2009.

[57] 董豫赣.文学将杀死建筑:建筑、装置、文学、电影[M].北京:中国电力出版社,2007.

[58] 王其亨,等.风水理论研究[M].2版.天津:天津大学出版社,2005.

[59] E. F. Schumacher. Small is beautiful: economics as if people mattered [M]. Vermont: Chelsea Green Publishing Company, 1989.

学术期刊:

[1] 叶齐茂.欧盟十国乡村社区建设见闻录[J].国外城市规划,2006(4):109-113.

[2] 王玉莲.日本乡村建设经验对中国新农村建设的启示[J].世界农业,2012(6):25.

[3] 郭静芳.我国新农村建设的可持续发展研究——基于韩国新村运动的对比分析[J].山西财经大学学报,2012(S1):41-42.

[4] 颜毓洁,任学文.日本造村运动对我国新农村建设的启示[J].现代农业,2013(6):68.

[5] 吴良镛.乡土建筑的现代化,现代建筑的地区化——在中国新建筑的探索道路上[J].华中建筑,1998(1):1-4.

[6] 金其铭.农村聚落地理研究——以江苏省为例[J].地理学报,1982(3):11-20.

[7] 业祖润.中国传统聚落环境空间结构研究[J].北京建筑工程学院学报,2001(1):70-75.

[8] 刘小洋,鄢然.传统村落村民交往活动空间分析[J].大众文艺(理论),2009(8):9.

[9] 聂晨.复杂适应与互为主体:谢英俊家屋体系的重建经验[J].时代建筑,2009(1):78-81.

[10] 王冬.乡村聚落的共同建造与建筑师的融入[J].时代建筑,2007(4):16-21.

[11] 吴春梅,邱豪.乡村行为主体结构功能失衡下的村治研究[J].云南行政学院学报,2011(3):124-126.

[12] 谭德宇.乡村治理中农民主体意识缺失的原因及其对策探讨[J].社会主义研究,2009(3):80-81.

[13] 翁一峰,鲁晓军."村民环境自治"导向的村庄整治规划实践——以无锡市阳山镇朱村为例[J].城市规划,2012(10):64-66.

[14] 谢天.文化转型时期建筑创作主体话语的表征——宏大叙事? 私人话语还是商业运作?[J].同济大学学报(社会科学版),2007(2):48-50.

[15] 李凯生.乡村空间的清正[J].时代建筑,2007(4):11.

[16] 单军.批判的地区主义批判及其他[J].建筑学报,2000(11):24-25.

[17] 陆莹,王冬,毛志睿.当代民居营造中的标准化与非标准化——《传统特色小城镇住宅

（丽江地区）》标准图集编制的相关问题[J].新建筑,2007(4):4-5.

[18] 陈成文,汪希.西方社会学家眼中的"权力"[J].湖南师范大学社会科学学报,2008(5):79-80.

[19] 陈淳,周浩明.传统街区建成环境意义的再思考——以使用者为认识主体的研究方法的提出[J].建筑师,2005(5):5-8.

[20] 单军,铁雷.云南藏族民居空间图式研究[J].住区,2011(6):117.

[21] 章光日.信息时代人类生活空间图式研究[J].城市规划研究,2005(10):29-30.

[22] 朱竑,刘博.地方感、地方依恋与地方认同等概念的辨析及研究启示[J].华南师范大学学报(自然科学版),2011(2):2-4.

[23] 庄春萍,张建新.地方认同:将"地方"纳入"自我"认同结构[N].中国社会科学报,2012-04-18.

[24] 庄春萍,张建新.地方认同:环境心理学视角下的分析[J].心理科学进展,2011(9):1387-1396.

[25] 周尚意,杨鸿雁,孔翔.地方性形成机制的结构主义与人文主义分析——以798和M50两个艺术区在城市地方性塑造中的作用为例[J].地理研究,2011(9):1566-1568.

[26] 郑力鹏.开展城市与建筑"适灾"规划设计研究[J].建筑学报,1995(8):39-40.

[27] 赵之枫.乡村聚落人地关系的演化及其可持续发展研究[J].北京工业大学学报,2004(3):301.

[28] 王让会,孙洪波,黄俊芳,等.人为活动影响下的生态系统反馈机制——塔里木河流域生态输水工程的效应分析[J].农村生态环境,2004(4):74-75.

[29] 王铭铭,杨清媚.费孝通与《乡土中国》[J].中南民族大学学报(人文社会科学版),2010(4):1-6.

[30] 刘志琴.礼俗文化的再研究——回应文化研究的新思潮[J].史学理论研究,2005(1):41-42.

[31] 廉如鉴,戴烽.差序格局与伦理本位之间的异同[J].学海,2010(3):145-146.

[32] 李晓嘉,刘鹏.我国产业结构调整对就业增长的影响[J].山西财经大学学报,2006(1):59-63.

[33] 王伟伟,马婷,李媛媛.价值取向和结果预期对助人行为的影响[J].社会心理科学,2013(6):13-14.

[34] 吴群.论工业反哺农业与城乡一体化发展[J].农业现代化研究,2006(1):35-39.

[35] 郑时龄.建筑空间的场所体验[J].时代建筑,2008(6):32-33.

[36] 艾侠.文化建筑的空间尺度与叙事性[J].城市建筑,2009(9):14-16.

[37] 郑颖,谷口元.从领域性研究的视角论"公""私"空间的边界[J].建筑学报,2011(2):91-94.

[38] 魏秦,王竹.地区建筑原型之解析[J].华中建筑,2006(6):42.

[39] 赵群,周伟,刘加平.中国传统民居中的生态建筑经验刍议[J].新建筑,2005(4):9.

[40] 郑力鹏.建筑防灾设计的若干方法[J].华中建筑,1999(3):99-100.

［41］李慧,张玉坤.生态建筑材料竹子浅析[J].建筑科学,2007(8):21-22.

［42］王冬.乡土建筑的自我建造及其相关思考[J].新建筑,2008(4):18.

［43］王竹,魏秦,贺勇.地区建筑营建体系的"基因说"诠释——黄土高原绿色窑居住区体系的建构与实践[J].建筑师,2008(1):30-31.

［44］穆威.石榴居[J].世界建筑,2013(7):115-119.

［45］王竹,范理杨,陈宗炎.新乡村"生态人居"模式研究——以中国江南地区乡村为例[J].建筑学报,2011(4):22-26.

［46］陈勇,陈国阶.对乡村聚落生态研究中若干基本概念的认识[J].农业生态环境,2002(1):54-57.

［47］刘滨谊,王云才.论中国乡村景观评价的理论基础与指标体系[J].中国园林,2002(5):76-79.

［48］谢花林,刘黎明.乡村景观评价研究进展及其指标体系初探[J].生态学杂志,2003(6):97-101.

［49］王路.村落的未来景象——传统村落的经验与当代聚落规划[J].建筑学报,2000(11):16-21.

［50］李珍.基于传播学理论的皖南古聚落发展过程的研究——以黄田古聚落为例[J].华中建筑,2011(10):140.

［51］葛红兵.论人文精神的实质——兼及大学人文教育问题[J].杭州师范学院学报(社会科学版),2003(1):30-32.

［52］于一凡.城市空间情感与记忆:城市空间的文化形态[J].城市建筑,2011(8):6-7.

［53］郑文俊.旅游视角下乡村景观价值认知与功能重构——基于国内外研究文献的梳理[J].地域研究与开发,2013(2):103-104.

［54］李翅,刘佳燕.基于乡村景观认知格局的村落改造方法探讨[J].小城镇建设,2005(12):88-89.

［55］赵承华.我国乡村旅游推动现代农业发展问题探析[J].农业经济,2011(4):37-38.

［56］陆扬.析索亚"第三空间"理论[J].天津社会科学,2005(2):32-36.

［57］徐伟,李娟.类型学设计中的尺度转换策略[J].新建筑,2007(2):8-10.

［58］季松.江南古镇的街坊空间结构解析[J].规划师,2008(4):75-78.

［59］王路,卢健松.湖南耒阳市毛坪浙商希望小学[J].建筑学报,2008(7):27-28.

［60］单晓宇,殷建栋.阿尔瓦·阿尔托建筑中的地域性表达——以珊纳特赛罗市政厅为例[J].建筑与文化,2011(11):105.

［61］刘家琨."再生砖·小框架·再升屋"计划[J].时代建筑,2009(1):82-85.

［62］李兴刚,马津.新小镇,新希望——西柏坡华润希望小镇(一期)设计感悟[J].城市建筑,2013(1):94-96.

［63］华黎.建造的痕迹——云南高黎贡手工造纸博物馆设计与建造志[J].建筑学报,2011(6):42-45.

［64］李立,张承,董江,等.费孝通江村纪念馆[J].城市环境设计,2011(Z2):185-187.

［65］陈喆,周涵滔.基于自组织理论的传统村落更新与新民居建设研究[J].建筑学报,2012(4):113-114.

［66］星野敏,王雷.以村民参与为特色的日本农村规划方法论研究[J].城市规划,2010(2):56-58.

［67］侯彦全,姜亚彬,李安康,等.国外新农村建设模式的分析研究及其启示[J].农村经济与科技,2011(5):95-97.

［68］周菲,白晓君.国外心理边界理论研究述评[J].郑州大学学报(哲学社会科学版),2009(3):14.

［69］王雷,张尧.乡村建设中的村民认知与意愿表达分析——以江苏省宿迁市"康居示范村"建设为例[J].华中建筑,2009(10):91-92.

［70］葛丹东,华晨.论乡村视角下的村庄规划技术策略与过程模式[J].城市规划,2010(6):55-56.

［71］李翔宁.2008建筑中国年度点评综述:从建筑设计到社会行动[J].时代建筑,2009(1):4.

学术论文:

［1］林涛.浙北乡村集聚化及其聚落空间演进模式研究[D].杭州:浙江大学,2012.

［2］雷振东.整合与重构:关中乡村聚落转型研究[D].西安:西安建筑科技大学,2005.

［3］李新.村民自治中农民主体意识的培养[D].哈尔滨:哈尔滨师范大学,2011.

［4］李贺楠.中国古代农村聚落区域分布与形态变迁规律性研究[D].天津:天津大学,2006.

［5］朱炜.基于地理学视角的浙北乡村聚落空间研究[D].杭州:浙江大学,2009.

［6］浦欣成.传统乡村聚落二维平面整体形态的量化方法研究[D].杭州:浙江大学,2012.

［7］王建华.基于气候条件的江南传统民居应变研究[D].杭州:浙江大学,2008.

［8］李建斌.传统民居生态经验及应用研究[D].天津:天津大学,2008.

［9］李建华.西南聚落形态的文化学诠释[D].重庆:重庆大学,2010.

［10］李雷.基于生态经济发展下的乡村景观规划研究[D].长沙:中南林业科技大学,2008.

［11］谭立峰.河北传统堡寨聚落演进机制研究[D].天津:天津大学,2007.

［12］宋月光.基于环境心理学视角的新农村乡村意象的研究:以山东省王因镇新农村建设为例[D].北京:北京交通大学,2012.

［13］倪静雪.解读乡村景观的意象[D].上海:上海交通大学,2007.

［14］谢宏丽.基于行为心理的中国传统住居模糊空间研究[D].长沙:湖南大学,2010.

［15］卢健松.自发性建造视野下建筑的地域性[D].北京:清华大学,2009.

［16］王雪如.杭州双桥区块乡村"整体统一·自主建造"模式研究[D].杭州:浙江大学,2011.

［17］綦伟琦.城市设计与自组织的契合[D].上海:同济大学,2006.

［18］贺勇.适宜性人居环境研究:"基本人居生态单元"的概念与方法[D].杭州:浙江大学,2004.

［19］赵之枫.城市化加速时期村庄集聚及规划建设研究[D].北京:清华大学,2001.

[20] 徐从淮.行为空间论[D].天津:天津大学,2005.

[21] 宋月光.基于环境心理学视角的新农村乡村意象的研究——以山东省王因镇新农村建设为例[D].北京:北京交通大学,2012.

[22] 李斌.江南民居环境中过渡空间的传承与再造[D].北京:北京林业大学,2011.

[23] 吕红医.中国村落形态的可持续性模式及实验性规划研究[D].西安:西安建筑科技大学,2005.

[24] 黄献明.绿色建筑的生态经济优化问题研究[D].北京:清华大学,2006.

[25] 樊敏.哈桑·法赛创作思想及建筑作品研究[D].西安:西安建筑科技大学,2009:32-35.

[26] 蔡昱.场所精神的地域性表达[D].厦门:厦门大学,2008.

[27] 操建华.旅游业对中国农村和农民的影响的研究[D].北京:中国社会科学院研究生院,2002.

[28] 刘菊.价值认异:全球化背景下价值冲突的一种消解之道[D].南京:南京师范大学,2006.

[29] 钱振澜."基本生活单元"概念下的浙北农村社区空间设计研究[D].杭州:浙江大学,2010.

[30] 张尧.村民参与型乡村规划模式的建构[D].南京:南京农业大学,2010.